停止你的内心冲突

By Karen Horney

［美］卡伦·霍妮——著

江小玲——译

Stop Your Inner Conflicts

台海出版社

图书在版编目（CIP）数据

停止你的内心冲突 /（美）卡伦·霍妮著；江小玲译 . -- 北京：台海出版社，2023.9
ISBN 978-7-5168-3621-7

Ⅰ . ①停… Ⅱ . ①卡… ②江… Ⅲ . ①精神分析－通俗读物 Ⅳ . ① B84-065

中国国家版本馆 CIP 数据核字（2023）第 164267 号

停止你的内心冲突

著　　者：（美）卡伦·霍妮　　译　　者：江小玲

出 版 人：薛　原　　封面设计：仙　境
责任编辑：魏　敏

出版发行：台海出版社
地　　址：北京市东城区景山东街 20 号　邮政编码：100009
电　　话：010-64041652（发行，邮购）
传　　真：010-84045799（总编室）
网　　址：www.taimeng.org.cn/thcbs/default.htm
E-mail：thcbs@126.com

经　　销：全国各地新华书店
印　　刷：三河市嘉科万达彩色印刷有限公司
本书如有破损、缺页、装订错误，请与本社联系调换

开　　本：880 毫米 ×1230 毫米　1/32
字　　数：150 千字　　印　　张：8.5
版　　次：2023 年 9 月第 1 版　　印　　次：2024 年 4 月第 1 次印刷
书　　号：ISBN 978-7-5168-3621-7

定　　价：59.80 元

推荐序

数穷廓落，困于历室。往登玉堂，与尧侑食。

——《焦氏易林·大壮之》

霍妮这个名字，被中国人熟知，起源于20世纪80年代末，弗洛伊德、尼采、萨特的著作是那个时代的必读书，文艺青年们废寝忘食地阅读和翻译它们。他们的著作无一例外都是畅销书。包括后来的霍妮的著作，也翻译出版多次。

霍妮的著作几乎都是给精神分析师写的，而当霍妮开始流行的时候，中国大陆还没有国际认证的精神分析师，直到如今，也并不多。换句话说，如果霍妮是个外科医生，我们会惊奇地发现，外行们正在津津有味地阅读外科医生写给其他医生看的书。个中原因，其一是那个年代的主流文化品位，还是比较精英主义的；其二是霍妮本人的写作风格比较通俗易懂，贴近大众的理解；其三，也是最重要的，霍妮论述的主题既尊重了人的社会属性，又没有迎合时代趣味，而是力图在文化背景的基础上有所拔高，有所深入，有所引领，有见于天地之情。

当年啃霍妮著作的外行文艺青年之中，就有我一个。二十多年后，当我收到出版社的邀请来解读霍妮这本书的时候，我很高兴地同意了。

我重读了这本集合了霍妮对人格完整和健全探讨的书，想到了我这些年的很多个案，我开始思考：霍妮对冲突、人格整合及与内在小孩和解的探讨，对在精神上承受或轻或重的痛苦的普通人，意味着什么？有什么样的指导意义？对于没有走进心理咨询室，但内心却存在痛苦的人，如何通过对霍妮的书的解读，帮助他们与现实及自我和解？在这些层面上，霍妮的局限和优势在哪里？

首先，霍妮强调社会文化对人的影响。比如有一个“90后”青年，她有素养、有品位，她提出的营销方案是清新典雅的，但在会议上“70后”领导提出反对意见的时候，她特别想要发脾气，想要攻击，但是她更要通过友善的行为掩盖，最终还是缄口不言。这就是一种时代文化的冲突。一方面是“90后”独立的个性化的品位和理想，另一方面是想要获得他人的认可，所以选择顺从，回避斗争，这又和她“70后”领导的集体主义、权威主义的文化风格是类似的。她内在没有坚定的价值评判体系，在做出决断时无法信赖自己，结果只能是冲突产生，她否定、压抑自己的判断体系，其内在的价值评判体系也在一次次冲突中不断弱化直至消失。虽然她表面上社会适应性良好，是人人称赞的有为青年，可是她内心充满了焦虑、不安，经常被无意义感捕获。

如果一直藏着内心冲突去生活，那么时间长了会怎样？他们会陷入精神的内耗，阻碍自身的发展，人际关系也开始失衡，或因过度在意外界的评价而脆弱得不堪一击。因为没有人能永远压缩自我。

其次，对于生活在文明时代的普通人，在生命的各个时期，甚至生命当中的每一天，都要做出各种选择。当现实对内心做出阻碍时，冲突就产生了。从幼年时期的自恋情结、控制情结，到成人时期的父母情结，中年时的中年危机，以及老年期的死亡情结，各种各样内心的纠葛，几乎伴随着每个人的一生。而多数人都选择了“我该如何”而非“我想如何”，做出了压抑、忽略、强迫等错误的努力去平息冲突。因为很多人陷入内心冲突的时候，感到虚无、痛苦、没有价值感甚至焦虑、绝望时，当他们的人际关系失衡时，他们其实并不知道自己内心发生了什么。他们似乎不能区分什么是“外在的”，什么是“内在的”：诸如当医生这件事情，真的是自己喜欢的职业，还是只是医生的身份非常体面？

因为缺失内在价值的指引和激烈的内心冲突，来访者们往往希望一个外在的权威给他们指导和建议。

在我刚刚接触心理治疗的时候，我听到的谆谆教导便是不要给患者出主意。后来我和缺失自我的人相处的时候，越来越发觉不给某些患者提出建议几乎是不可能的事情。我仔细观察了一些治疗师的治疗风格，包括我身边的成功治疗师和一些著名治疗师的案例，逐渐认识到，除了罗杰斯外，几乎所有有经验的治疗师在治疗中都会提出建议，包括弗洛伊德在内，特别是认知—行为治疗者。

虽然建议不等于直接的包办代替，建议的前提是表达我自己在类似情况下会如何处理，但是这种处理方式是否适合你还是要由你决定。

但是，无可否认，治疗中的任何建议都会包含暗示和控制。

不过，对于自我严重冲突者来说，治疗师提出的建议内容并不重要，重要的是提建议这个行为的出现。这倒符合形式主义作家的口号：形式便是内容。提建议这种形式会让他们感到，“哦，有双眼睛替我看着周围的事情呢”，从而感到安全，能够敢于探索治疗师的内心世界，逐渐过渡到接纳和认同治疗师的功能。

再次，进入下一个阶段，对于接受了一定分析的自我严重冲突者来说，会有通过对治疗师的认同得出来的、没有持续性的“假自我”，这个假自我其实是个很大资源，它之所以假，是因为没有被内化。如果能够假戏真做，真正地对其进行分析、解释，或者进行认知—行为疗法，那么它会变成一个健康的自我。

当然，这是理想主义的说法，霍妮认为，消灭冲突意味着要改变发生冲突的条件，但由于社会文化的局限性，冲突不可能完全消失，这也是霍妮早期理论的局限性之所在，她没有充分理解文化冲突的积极意义，但是霍妮的后继者们进行了很大的改进，尤其是和东方禅宗的结合。（Morvay, 1999;Demartino, 1991)

最后，我们是不是可以考虑，我们在给自我冲突者治疗目标时，究竟是完成我们设想中的“理想人格”，还是根据患者自己的需要出发，让他们的价值体系能够在适应他们所处的生活环境的同时，又最大限度地减少痛苦？

我比较支持后者，因为前者是以医生的价值观为中心的。医生眼中的理想人格，也许并不是病人所处的环境所需要的。

这本《停止你的内心冲突》剔除了一些原作中写给医生们看的专业探讨，留下了写给普通人的分析，在我看来，这不失为一条让普通人不需要那么高的阅读门槛就能进行自我分析的途径。尤其是对青年读者来说，每个人都能更深一层地认识到自己内心深处的痛苦和根源，在做出选择时，拥有更宽、更深的思考方式，体现了它的阅读价值。在本文附录，我列出了霍妮的其他著作，大家感兴趣的话，也可以找来读一读。一般来说，根据她的写作年代来看是个不错的选择。有进一步自我疗愈需求的读者们，也可以使用一种内在小孩的方法，来协助化解自我的内心冲突。（［法］一行禅师著，汪桥译，2014）

心理学界今天的这些风云人物，或多或少都受到当年那波思想的洗礼和推动。让更多的人关注自己的心理健康，在焦虑的年代，获得精神的成长，也是我们每一个执业者的责任和目标。

参考文献

［法］一行禅师著，汪桥译 . (2014). 与自己和解：治愈你内心的内在小孩 . 河南文艺出版社.

郭永玉 . (1996). 霍妮的社会文化神经症理论及其历史地位 .

医学与哲学 (5), 259—261.

Morvay, Z. . (1999). Horney, zen, and the real self: theoretical and historical connections. *The American Journal of Psychoanalysis*, 59(1), 25—35.

Demartino, R. J. . (1991). Karen horney, daisetz t. suzuki, and zen buddhism. *The American Journal of Psychoanalysis, 51* (3), 267—283.

李孟潮　作者系精神科医生，个人执业

附录：霍妮著作列表

[1] Karen Horney. *The Neurotic Personality of our Time,* 《我们时代的神经症人格》W. W. Norton & Company,1937.

[2] Karen Horney. *New Ways in Psychoanalysis* ,《精神分析新法》 W. W. Norton & Company,1939.

[3] Karen Horney. *Self–analysis* ,《自我分析》 W. W. Norton & Company,1942.

[4] Karen Horney. *Our Inner Con.icts* ,《我们内心的冲突》 W. W. Norton & Company,1945.

[5] Karen Horney. *Are You Considering Psychoanalysis* ?, W. W. Norton & Company,1946.

[6] Karen Horney. *Neurosis and Human Growth*, 《神经症与人的成长》W. W. Norton & Company: New York,1950.

[7] Karen Horney. *Feminine Psychology (reprints)* , 《女性心理学》W. W. Norton & Company,1960.

[8] Karen Horney. *The Collected Works of Karen Horney (2 vols.)*, W. W. Norton & Company,1950.

[9] Karen Horney. *The Adolescent Diaries of Karen Horney*, Basic Books: New York,1980.

［10］ Karen Horney. *The Therapeutic Process: Essays and Lectures* , ed. Bernard J. Paris Yale University Press, New Haven,1999.

［11］ Karen Horney. *The Unknown Karen Horney: Essays on Gender, Culture, and Psychoanalysis*, ed. Bernard J. Paris. Yale University Press, New Haven,2000.

［12］ Karen Horney. *Final Lectures* , ed. Douglas H. Ingram. W. W. Norton & Company,1991.

目　录

自我冲突，是人生的必然

内心有冲突的人并不一定都是神经症患者，正常人也可能出现神经症的症状。生活在文明时代的人每天都要面对非常多的选择，所以内心会产生各种各样的冲突，这是正常现象。真正的问题是，当这些冲突发生的时候，大多数人并不清楚发生了什么。

不快乐的根源，是内心有冲突

无论我们研究神经症的基础是什么，又用了多么复杂的方法，都会得出一个相同的结论：造成神经症的原因是人格的缺陷和混乱。但这并不是什么新的发现，因其他研究心理学的人也发现了这一点。每个时代的诗人和哲学家都明白，患有神经症的人都忍受着内心的煎熬，他们被冲突折磨得十分痛苦，而那些拥有平和的心态、能够理性思考的人则不会出现这样的问题。

对患者而言，神经症发展的内在动力是什么？弗洛伊德的理论给出了一个答案，即强迫性内驱力。强迫性内驱力具有本能的性质，追求的是满足感，且无法接受失败。弗洛伊德认为，不只是神经症患者，所有人都有强迫性内驱力。

对此，我的看法是：第一，强迫性内驱力只在神经症患者身上表现出来；第二，这是患者在生活中感受到孤独、难过、恐惧的时候采取的一种应对方式；第三，人们最需要的是安全感，所以是不是能获得满足感并不重要；第四，这种强迫性源于患者极力隐藏、压抑的焦虑。如果人们无法解决内心的冲突，就会产生失望、恐惧等情绪，造成虚耗精力、摧毁道德等严重后果。

我观察了很多现象总结出一点：冲突是十分重要的。在观察的初始阶段，最让我感到惊讶的是，神经症患者并不知道他们的内心存在某种冲突，或者说他们知道冲突的存在，却假装看不见。我发现，在与他们讨论这些事的时候，他们表现得非常紧张，似乎并不想面对。直到这种事情发生了很多次，我才明白，他们并不喜欢我这样的矛盾分析者。虽然我只是想帮助他们，但这也意味着他们一直尽力掩盖的事实会被发现，所以他们才会如此紧张。当冲突突然出现的时候，他们会变得非常慌乱。他们的这种反应让我意识到，我其实是在拆“炸弹”。他们会恐惧或不敢面对冲突都是正常的表现，因为我在拆“炸弹”的时候很有可能把他们炸得粉碎。

我发现，神经症患者也在努力想办法“解决”这些冲突，不过他们解决的办法是努力制造和谐的假象。事实上，他们认为自己的内心不存在这些冲突，所以根本就没有解决的必要。接下来，我们就来讲一下神经症患者尝试“解决”冲突的四种办法：

第一，隐藏冲突。

第二，远离他人。我们发现神经症性疏离具有让人产生孤独感的功能。疏离是最开始接触别人时，体现出来的一种矛盾态度，是一种最基本的冲突。这种疏离让人们保持自己和他人之间的距离，并且以为这样还可以平息冲突。

第三，远离自己。这种方法和远离他人完全相反。对于神经症患者而言，远离自己只会让他们越来越脱离实际，让原本真实的自我形象变得虚幻，所以他们就在自己的内心创造出一个完美的理想化形象，代替真实的自己。他们把各种美好的性格拼凑成一个理想化的形象，试图把真实形象中的冲突隐藏起来，让人们看不见。神经症患者努力让自己的表现接近理想的、完美的形象，目的是希望得到别人的夸奖，或者让别人认可自己塑造出来的理想化形象。这个形象与真实的形象之间的差距，决定了他们能不能得到夸奖。两者的差距越大，愿望就越难实现。塑造理想化形象的目的就是平息内心的冲突，所以这种尝试对于解决冲突来说是非常重要的。但这种理想化形象会影响他们的人格，使其内心产生新的裂缝，所以需要患者继续想办法解决新的问题。

第四，修补这条为了隐藏冲突产生的新裂缝。神经症患者有时候会把自己内心的活动当成外界发生的事。在这种外化的过程中，患者的真我形象会完全变成另外一个样子。而且这样的过程结果只会让自我和外界的冲突变得更加强烈。

这四种试图解决冲突的办法，在各种神经症中都会发挥作用，只是程度不同。而且，这四种办法也会使神经症患者的人格发生剧烈变化。当然，他们还有其他的办法，只不过这四种办法最普遍、最有代表性。其他的办法如：用自我肯定的方法来解决心中的疑惑，用绝对控制的方法将分裂后的世界强行结合起来，用玩世不恭的态度消除理想与现实的冲突。

神经症患者从开始就尽自己最大的努力，解决亲近、抗拒、远离他人这三种态度之间的基本冲突。他们想要保证自己的人格是完整的，不愿意遭受人格分裂的痛苦，于是想方设法平息冲突。可是当他们通过努力保持了表面的平衡后，会发现又产生了很多新的问题。于是，他们又要忙着寻求新的解决办法。在这样的周而复始中，他们变得越来越恐惧，越来越绝望，更加远离他人和自己。真正的问题不但没有得到解决，病症也越来越严重。他们发现，不管怎么努力都无法解决所有冲突，内心充满痛苦和煎熬，情绪变得越来越差，只有虐待行为才能让内心平静一点。可这样只会使他们越来越失望，结果又产生新的冲突。

上面提到的现象就是神经症的发展过程，以及在这个过程中造就的某种性格结构，呈现的结果非常让人沮丧。很多人认为，治疗神经症是很简单的事情，上面阐述的神经症病发过程就是为了推翻这种不符合实际的想法。当然，我们也不能太过悲观，认为治好神经症的方法是非常复杂的。

心理分析就是一个很可行的方法，这种方法可以降低一个人无助、恐惧和仇视别人的感觉，也能帮助患者缩小与他人之间的距离。如果分析工作做得好，是可以帮患者将人格整合到一起，解决他们内心的冲突的。

这个世界上的人都拥有改变自己的能力。每个人都可以通过发掘自身的潜能使自己越来越优秀，但如果人们与自己或他人的关系不断受到影响，这种自身的潜能可能会消失。

主动体验冲突，是一种才能

内心有冲突的人并不一定都是神经症患者，正常人也可能出现神经症的症状。因为在生活中，人们内心的冲突是普遍存在的，比如个人对某件事的看法、对未来的憧憬、追求快乐的方式经常与周围的人不一样。人们的内心产生冲突的原因和与周围环境产生冲突的原因大致相同。

动物的很多行为由它们的本能决定。交配、繁殖后代、觅食和防御外敌入侵等活动都不是它们自主选择的。但人类却可以对这些行为做出选择，这是人类的特权，也是人类感到苦恼的根源。人为什么会因为这些特权而感到苦恼呢？因为人类的想法有时候是相互矛盾的。比如，我们既想一个人待着，又渴望得到他人的关心；既想在医学上有成就，又不想放弃学习音乐。有时候，人们的选择并不是发自内心的。比如当有人需要我们帮助时，我们本来想陪在爱人身边，但出于种种原因，又不得不选择接受别人的求助。有时候，我们会面临两种完全不同的价值观的选择。比如国家被外敌入侵，我们应该背上武器抵御外敌，还是待在家里陪伴家人？

这些冲突的类型、程度和范围跟时代的文明程度息息相关。如果我们所处时代的文明程度一直没有变化，人们内心产生冲突的可能性就会降低，产生冲突的种类也会减少。在快速发展的文明时代，互相矛盾的两种忠诚、个人愿望和集体利益等都是可以同时存在的。生活在这样的时代，人们的选择比以前多了，但做出选择却并没有变得容易。人们可以坚持自己的观点，也可以追随其他人的观点；可以独立生活，也可以融入集体；可以羡慕成功，也可以无视成功；可以对孩子不闻不问，也可以严加管教；可以平等地对待男人和女人，也可以不平等地对待；可以认为两性关系是单纯的欲望，也可以认为是感情的需要。还有，在对待其他种族的时候，人们可以认为自己的种族是高贵的，也可以认为自己的种族和其他种族没有区别。

生活在文明时代的人每天都要面对非常多的选择，所以人们的内心也会产生各种各样的冲突，这是正常现象。真正的问题是，当这些冲突发生的时候，大多数人并不清楚发生了什么，他们没有自己的立场，别人怎么说他们就怎么做，不停地做出妥协和让步。这说明人们根本不知道发生了什么事，也不知道什么是冲突，所以从来没有想过怎么解决冲突。我上面说的这些都是正常人，他们不是神经症患者，却也会经常出现这些情况。

我们要明确自己想要什么，有什么样的感情，这是非常重要的。这样我们才能弄清楚什么是冲突，以及怎么解决冲突。比如我们喜欢一个人，是发自内心的喜欢，还是因为大家觉得我们应该喜欢这个人，所以我们就喜欢？父母去世的时候，我们非常难过，这种难过是来自内心，还是表现给别人看的？我们做一名医生或律师，是发自内心地喜欢这个职业，还是因为这个职业能给我们带来丰厚的收入、提升我们的名望？我们希望自己的孩子能独立处理自己的事情，是真心想让孩子独立，还是说出来给别人听的？事实上，很多人可能并不知道自己有什么样的情感，也不知道自己究竟想要什么。

要想了解冲突，首先要建立健全价值观体系，因为冲突的产生大多是受到传统的思维方式和道德信仰的影响。我们只有在依靠自己的价值观做出决定和选择时才会产生冲突，依靠别人的价值观不会产生这种影响。如果我们单纯地把别人的拿来用，也不会产生这种冲突。所以，产生冲突的原因就在于我们每个人都有自己的价值观。比如某个人的父亲是个心胸狭隘的人，但这个人并不认为他的父亲是这样的。于是当他父亲给他安排了一份工作，即便他自己并不喜欢，但他的内心不会因为不喜欢这份工作而产生冲突。再比如，某个男人已经有妻子了，但后来爱上了另一个女人，他的内心就会产生冲突，因为他不知道自己应该做出什么样的选择，也不知道该如何面对自己的婚姻。

如果我们已经全面了解了冲突，就要下定决心，放弃冲突中那个有争议的一面。但是很少有人能保持这种理性，因为感性和理性总是交织在一起，很难清晰地分辨开来。当然，这些人也很可能是因为缺乏安全感和幸福感。

而且人们在做决定之前一定要考虑清楚，因为任何决定都有做错的风险。所以，做决定之前要确定自己能够承担任何后果，而不是到时候只会自怨自艾、怨天尤人。当然，这需要有足够强大的内心和自主精神，而大多数人并不具备这两种素质。

也有很多人不受冲突影响，做什么事都很顺利。这种人有完整的价值观体系，他们的成长基本不受冲突的影响，也不用急着做决定。这样的人身上有强者的那种气定神闲的气场。当然，我们所看到的这种气场也有可能是假的或表面现象，他们可能是通过跟随大众或耍小聪明得到一些好处，很多时候并不是靠自己积极的信念真正地解决了冲突。所以我们应该理性地分析我们遇到的所有情况。

主动体验冲突可能会让人感到痛苦，但也是非常珍贵的才能。在遭遇冲突的时候，只有积极主动地面对它、解决它才能掌控自己的命运，让自己的内心更自由、更强大。

“神经症冲突”的特点

生活中如果到处都是冲突，光是面对它都是一件很困难的事，更不要说解决了。但我们无处可逃，因为生活总会继续下去。要生活下去，就要正确地认识自己，建立自信，找到奋斗的目标和正确的道路，所以我们需要理解、选择与生活相关的所有要素的意义。而神经症患者很难意识到冲突的存在，也不能独自解决冲突。这里说的神经症患者是指那些已经发展到病态的人，这种人基本上觉察不到自己的欲望和情感。当有人攻击他们的弱点时，他们会害怕和愤怒，不过他们会压抑这种感觉。这种类型的患者找不到人生的方向，也没有能力做出决定。他们受外界强制性约束影响太深，不敢放弃任何东西，不敢承担任何责任。

在神经症冲突中，也包含了许多困扰正常人的问题，只不过这些问题在种类上有很大的差别。很多人认为，正常人的冲突和病患的冲突是不同的，用同一个名词来表达并不合适。但是，如果我们能够分清两者的区别，就不会有什么影响了。

神经症冲突到底有什么特点呢？我们可以举一个简单的例子。一位研究机械设备的工程师，很难轻松地跟别人共事，他经常感到疲劳和烦躁。在一次技术讨论会上，他提出的方案没有通过，他同事的方案却得到了认可。后来，在他不在场的时候，大家又做了一个决定，他根本就没有机会发表自己的意见。这样的情况使他感到很愤怒。本来，他可以据理力争，维护自己的利益，也可以赞同大家的意见。可是现实中他什么都没做，只是通过梦境宣泄自己的愤怒。他生别人的气，因为他们忽视他，又生自己的气，恨自己怎么那么软弱，这些被压制的情绪让他备感疲惫和暴躁。

这位工程师之所以在现实中什么都没做，原因有很多。在他的潜意识里，认为在这个专业领域，自己才是最聪明、最厉害的人，对此他非常肯定，而别人却忽视他的成果和意见，这无疑是踩到了他的雷区，所以他才非常愤怒。他还会忍不住想指责和辱骂别人，这也是一种无意识的行为，说明他有虐待倾向，但他会用过分友好的态度隐藏这种倾向。另外，还有一种内驱力促使他隐藏这种倾向，就是他想利用别人达到自己的目的。他最缺乏的是别人对他的赞扬和认可，因此他对待别人时会习惯性地服从和忍耐，这就使他的内心产生了冲突：一方面，想要公平合理地得到别人的认可和赞扬；另一方面，又要压抑着自己随时可能爆发的、带有破坏性的愤怒情绪。在他的心里，这两种冲突不断交锋，所以他看上去非常疲惫。

我们发现，和冲突有关的各种因素之间没有相同的地方。上面提到的工程师一直没有意识到冲突的存在，也没有意识到产生冲突的两个方面是矛盾的。他压抑着自己的情绪，表现出正常的情绪来，而内心真正的想法只有一点，他们的方案没有我的好，我不应该被无视。结果那两方面的冲突使他无法自控，理性上他也知道不应该对自己要求太严苛，也知道不应该依赖别人的认可，但是他不知道该如何理性地调和内心的冲突。要解决他的问题只能通过大量的心理分析。他被两种不受控制的力量包围了，其实他内心真正的需求不是获得别人的认可，但他却希望通过这些来掩饰自己的真实想法。这个例子可以给我们带来很多启发，也可以让我们更加了解神经症冲突。

还有一个与这个差不多的例子，有一个自由设计师偷了他好朋友的钱。他的这种行为让人感到很吃惊。因为他之前向朋友借过钱，朋友也借给他了，这次他大可以再向朋友借，朋友一定会借给他。况且他这个人很看重颜面，也很在乎友情。经过分析，我们发现他这样做的目的是既想利用别人，又想得到全部的好处。这是一种无意识的倾向，表明他希望其他人在任何情况下都要优先考虑他的感受。他希望得到别人的帮助，但又放不下自尊心。在他看来，别人主动向他提供帮助，他接受了就会感到很高兴，但如果自己主动寻求别人的帮助，就是一件羞耻的事情。他希望自己能够独立自由，不愿意承认自己有任何需求，也不愿意欠别人人情。所以当他有任何问题的时候，都会自己想办法解决。

以上两个例子中的冲突有很多不同的地方，但在本质上都一样。神经症患者不能自己解决冲突，因为他们无法意识到这种冲突的本质，而且冲突的本质还具有强迫性和不兼容性。

正常人在冲突的两个方面的距离上远远小于神经症患者。这正好是正常人和患者之间的分界线，简单来说，正常人冲突的两个方面之间是锐角，最大只能达到直角，但神经症患者可能是一条水平线。正常人会在冲突的两个方面中选择一个，指引自己的言行，而且这种选择无所谓对错。

索伦·克尔凯郭尔说："真实生活是不能用一些抽象的对比来描述的，因为真实生活拥有多面性。如果拿完全无意识的绝望和有意识的失望对比，将什么也得不到。”或者说正常人能感知到的神经症因素，患者却没有任何感觉。正常人可能只需要一点提示就能发现冲突的存在，但神经症患者却被冲突的主要倾向死死地压制着，他们需要克服巨大的阻力才能感觉到冲突的存在。

对于正常人而言，产生冲突的原因可能是在两种都想要或两种都不想要的可能性之间做出选择，虽然有点困难，但并不会影响他们做出合理的选择。神经症患者被两种相反的强迫力支配着，所以做出合理的选择对他们来说是不可能的。想要改变这种情况就必须调整自己与他人的关系，并深入分析神经症倾向。

最大的线索：基本冲突

人们大概不会想到，冲突在神经症中会有这么大的作用。因为这些冲突都是无意识的，而且神经症患者都不愿意承认它们的存在，所以很难被人们发现。那我们又是如何发现这些冲突的呢？

神经症的症状一旦出现，不管具体表现是什么样的，就已经说明冲突是确实存在的。正是因为内心的冲突没有得到解决，人们才会出现焦虑、烦闷、孤独等感觉。或许通过这样的因果关系我们还不能看到引发神经症的本质，但能让我们透过混乱的表象看到它的根源。

相互矛盾本身就表示存在冲突，就好像体温高于正常值了，说明人生病了。我一直强调“神经症冲突是没有意识的”，但有时候我们又能明显感觉到冲突的存在。这些没有被隐藏起来的冲突是被扭曲的真实冲突。所以当某个人必须做出重要选择的时候，很可能会陷入一种自己无法摆脱的、有意识的冲突中。比如到底要不要结婚，到底要不要继续保持和某个人的合作关系，应该选择哪份工作。他不知道应该怎么选择，这些事让他感到苦恼。这个时候，他很可能请心理咨询师帮忙分析和解决问题。不过他的求助可能会令他感到失望，因为这个时候爆发的冲突，是以前积累下来的问题，只有继续深入地研究和探讨自己的内心，才是解决问题的办法。

当神经症患者发现自己与周围的环境不融洽时，冲突已经开始外露，这个时候他们已经意识到冲突的存在。另外，还有一种原因让人意识到自己的内心产生了一种更深层次的冲突，那就是对于自己内心渴求的东西总是感觉特别不应该，产生一种没有来由的恐惧和烦闷。

当神经症出现在我们亲近的人身上时，会很容易被我们发现。但在这种情况下矛盾的因素变多了，反而会使人们感到更加疑惑。

我们或许会问：在这些冲突的背后会不会存在一个基本冲突？人们相信，不论在宗教中还是在哲学上，基本冲突都存在，并且起到很重要的作用。它主要表现为：光明与黑暗、上帝与魔鬼、善与恶的冲突。弗洛伊德在他的一个假设中提到，家庭和社会创造的危险环境与盲目探求满足本能之间的冲突就是基本冲突。人们从出生的时候起就生活在家庭和社会给我们创造的危险环境中，长大后这种危险的环境给我们带来的影响已经根深蒂固，并以超我的形式出现。

我认为，神经症患者所有的欲望都是破碎的、对立的，这种情况使他们没有办法在争取某种东西的时候全心投入，于是就产生了冲突。

讲到这里，我们的大脑中会想起一种类型的患者，他们经常妄想自己拥有很强大的能力，但是身边的人只把他们当成普通人看待，不承认他们身上有这种超强的能力，所以他们常常敌视周围的人。这种人内心充满怨恨，这种怨恨会在充满敌意的环境中不断增长。

那么，我们可不可以认为患者这种怨恨的态度是在逃避现实，或者说是因为没有能力改变现实，所以才贬低它？假如我们知道一个道理：精神世界有其活动的规律，只要我们认真观察，就能发现。

神经症患者会因为人们说话时某些微小的、不耐烦的语气，产生焦虑的情绪。在做心理分析时，如果发现分析对象对一般刺激的反应过于激烈，就要思考几个问题：别人一个微小的、短时间的不耐烦就会让他们感到非常焦虑，这是不是意味着他们并不知道我们真实的感受和态度是什么？那我们又该怎么分析对方的这种疑虑呢？他们为什么这么在乎我们的看法？难道他们对我们的依赖程度已经很深了？是什么原因导致他们对我们产生这么强烈的依赖的？他们是不是也会质疑身边已经很熟悉的人呢？或者说，分析的人与对象之间的关系，因为某些因素而得到了强化？总之，因为某些原因会限制精神世界的活动，并且我们可以从中找到规律。这是一个非常有效的假设，它可以带领我们对心理上的各种内在联系进行深入的探索。

当一个人面对其他人总是产生矛盾心理的时候，就会出现神经症的基本冲突，而神经症患者对待别人的态度总是能体现根本性矛盾。如果在儿童时期就感觉生活在一个隐藏着敌意的社会中，人就会有孤独无助的感觉，我称之为“基础焦虑”。关于“基础焦虑”的讨论很重要，它可以帮助我们弄清楚为什么神经症患者对待别人的态度总是能体现根本性矛盾。外界的很多因素都会让孩子产生不安与焦虑，比如直接或间接的教育、大人不冷静的行为、没有回应孩子的需求、父母逼孩子站队等。这些情况会让孩子产生烦躁不安、恐惧害怕等反应。为了在这样的环境中生存下去，他们会用自己的方式处理遇到的问题。他们想出来的不仅仅是应对办法，还会发展出一些“神经症倾向”。最开始表现在孩子身上的情况比较混乱，但随着时间的推移会形成三种很明显的情况：亲近、抗拒、远离他人。

孩子们在亲近他人的时候虽然带着恐惧感和距离感，但他们十分渴望依赖别人并得到别人的喜欢。只有当他们得到别人的喜爱和信任的时候，才愿意亲近别人。为避免产生以前那种孤立无助的感觉，父母吵架时他们会支持对自己有利的一方来获得支撑和依靠。

如果孩子们从周围的环境中感受到了敌意，就会进行有意识或无意识的反抗，这是一种很正常的表现。他们怀疑任何想要亲近和接触他们的人，所以想尽一切办法疏远别人。他们希望自己变得强大，这样就可以保护自己、打败别人。

孩子们发现自己与周围的人格格不入，而且没有人能理解自己时，就会远离人群。这个时候他们会待在自己创造的世界里，这个世界里有故事书、玩具、大自然等。

在这三种情况的表现中，要着重强调三种倾向：孤独、敌视、孤立无援，这些都属于焦虑的范畴。它们隐藏在这三种情况之中，当其中一种情况出现的时候，这三种倾向都会表现出来。

我们可以直接讨论一下神经症的发展，这样可以帮助大家理解我上面说的内容。很多时候我们能很明显地看出成年人的表现是三种情况中的哪一种，当这种情况发生的时候其他两种倾向也在发挥作用。我们会发现有的人单独住在某个地方，和周围环境保持着一定的距离，同时又希望得到友情，找个人依靠。

但这个人到底会做出怎样的选择，主要看哪种倾向起主导作用，一般起主导作用的倾向都是神经症患者最容易接受的那种，这是他们在面对他人的时候能想到的最快的应对办法。一个完全不知道该如何与别人相处的人，会下意识地与别人保持一段距离。

但这并不代表那些不明显的倾向没有影响力，比如一个总是表现得顺从和依附他人的人也会想控制别人。很多事例表明隐藏起来的倾向往往有更大的影响力，有时主要倾向和次要倾向会发生转变，这种转变在成年人和儿童身上都有可能发生。最有代表性的人物就是斯特里克兰德，他是英国小说家毛姆的作品《月亮与六便士》中的人物。这种主次倾向位置的转变也经常发生在女患者身上，比如原本叛逆、充满野心的假小子在恋爱之后，变成了温柔可爱的小女人。再比如原本和其他人保持安全距离的人，在遭遇重大挫折后变得非常愿意与别人亲近。

这三种倾向完全可以保持平衡、和谐相处、相互补充。三者不相容的情况只有在某种倾向发展过快时才会出现。神经症中有很多证据能证明这三种倾向会出现不相容的情况。如果一个人能做到坚持自己的原则，同时又能照顾别人的感受，就算这个人与别人交往也不会产生什么问题。

神经症患者在面对外界时，从不考虑自身所处的环境，他们只会考虑是不是需要服从、反抗和逃避，甚至还会因为行为方式的改变而产生恐惧。所以，如果神经症患者自身的这三种倾向同时变得强烈，也会让他产生冲突，整个人格也会受到影响。这就意味着患者的生活、与他人的关系都受到这三种倾向的支配。

所以基本冲突就是神经症的核心，即因为自身态度的矛盾而产生的冲突。在这里我要说明一点，我用到“核心”这个词语，是为了表明基本冲突是神经症中最重要的一点，并且处在中心位置。

心理失衡的表现及机理

并不是说内心有冲突的人找不到乐趣，只是他们的乐趣既短暂又脆弱，而且很容易被他们的缺点和对缺点的恐惧破坏。不仅如此，即便遇到小小的意外，他们也会惊慌失措。他们认为出现错误就等于否定了自己的价值，哪怕是一点小过错都会让他们变得焦虑不安。如果有人评价他们，即使这种评价没有恶意，也会使他们担惊受怕，变得不快乐。

因为恐慌，所以退缩

面对冲突，人们会在心里建立一套防御系统，有些人则把这套系统固化成一种静态体系。这是一种非常危险的做法。为什么会有人选择这样做呢？这套系统一旦固化为静态体系就会牢不可破，失去生机，是什么支撑着它呢？难道人们只是因为害怕基本冲突破坏自己平静的内心，就建立了这套防御系统吗？

我们需要进行类型化比较来厘清思路。假设一个人的过去一片灰暗，于是他伪装成另一个身份，并利用这个身份有了新的工作和朋友，结婚生子。他十分满意现在的生活，但同时他又害怕这种生活消失，害怕有人揭发他的过去。他努力忘掉过去，给慈善机构捐款，帮助以前的朋友。虽然他用伪装的身份开始了新的生活，但基本冲突仍然存在，随着性格的改变，新的冲突又悄悄滋生，结果他又陷入了新的冲突中。

这种情况下，已经建立的那套防御系统虽能使他找到平衡，但这种平衡的感觉很脆弱，尽管他很想尽力维持这种平衡，却总能意识到它在受到威胁。任何威胁都会让他感到痛苦，以至于他都没有意识到，自己的情绪已经失控，会在不经意间出现生气、失望、疲劳、伤心、兴奋等反应。这样的状态甚至直接表现为走路的姿态和步调失衡。

而害怕情绪失控也是这种恐惧的表现之一。比如一名女性，对自己的认知是勇气可嘉，且内心平静，当面对令她恼怒、恐惧、无奈的情况时她最害怕自己无法控制自己的情绪，所以真正让她害怕的并不是困境本身，而是情绪失控，而且恐惧本身真的会导致人情绪失控。不过有一点要说明，害怕情绪失控，并不是说情绪一定会失控。

不过，和害怕情绪失控相比，日常生活中更加常见的是害怕内在平衡遭到破坏。任何改变都可能打破我们原有生活的平衡，让人们内心感到不安甚至恐惧，只不过这些不安和恐惧要更加隐蔽和多变。比如出门旅行、工作和住房的变动，需要一个新的用人，哪怕是一点小小的改变都会让人们害怕打破内在的平衡。

人们建立的防御系统还会引起另外一种恐惧，就是害怕暴露问题。他们将真实的自己隐藏起来，努力表现得更自信、更大方、更友好，甚至更冷漠。但他们到底是不愿意看到自己真实的一面，还是不愿意让别人看到自己真实的一面，别人就无从知晓了。因为害怕在别人面前暴露真实的自己，这样的人非常敏感，他们完全忽略了对自己该有的认知，时刻在关注别人如何看待自己。当他们能够确定别人没有发现他们的真实面目时，就不会产生挫折和失败的感觉。

大部分人对于暴露真实自我的恐惧只是一种模糊的感觉，他们只是隐约感觉到自己在回避问题。他们的着眼点总是别人的看法，害怕自己不如别人认为的那么聪明能干，总是因为自己不具备某种品质而感到恐惧。比如某个有神经症倾向的人说，小时候很害怕别人认为他是靠作弊取得优异成绩的，经历了几次转学后，他依然可以取得好成绩，可仍不能消除这种恐惧。他百思不得其解，不知道自己为什么要恐惧。他认为成绩并不重要，但在他的内心有一种想要证明自己强于别人的求胜的渴望，而他并没有意识到这一点。也就是说，实际上，他并不是害怕暴露自己智商低，而是害怕暴露自身的某种虚伪。这正是他的问题的症结所在。当人们意识到，自己可能是个虚伪的人时，会感到害怕，虽然不是百分百地符合现实，但的确是个普遍性的认识。而让人们感觉自己虚伪的事，往往表现出和他们内心认为的自己不一致。

这种恐惧最明显的表现就是脸红和害羞。当一个人出现了这种应激反应，说明他已经恐惧了，这个时候刨根问底地想问出他隐藏的事实，其实是一种错误的做法。在他的潜意识里，自己并没有隐瞒什么，可追根究底地盘问会让他逐渐认识到自己在害怕某种东西，加深他的自责感。这对于他战胜恐惧、正视自己没有任何帮助。

人们对暴露问题产生恐惧的情景包括：认识新朋友、进入新学校、参加新工作或在大众视线里的活动。大多数人害怕失败，认为那是在暴露自己的无能。有些人即使只失败了一次，就会认为自己不符合别人对自己的认知，就是个骗子。在这种思维逻辑下，如果受到别人欣赏或是听到来自别人的夸奖，他们会感到非常害羞。他们认为这个人现在喜欢自己，但真正了解自己以后，可能就不喜欢了。

要想理解人们对暴露问题的恐惧，就要先弄清两个问题：他们为什么这么害怕暴露自己的问题？如果问题暴露了，他们会有怎样的表现？第一个问题前文已经谈到了。下面我们着重说说第二个问题。他们的这种恐惧是由防御系统衍生出来的，对威胁平衡的事物产生恐惧，主要源于防御系统不稳定。人人都害怕面对嘲讽、羞辱和蔑视，人们会在无意识状态下做出一些欺骗行为，如果意识到了这种行为，且发现可能被揭露，脆弱的自尊心就会受到严重的打击，从而产生恐惧。自尊的异化有两种表现：第一，真实的自尊逐渐消失，不断地被虚伪的骄傲代替。这种虚伪的骄傲的资本是认为自己比别人勤奋、善良、努力、聪明等。第二，抬高虚假的他人，鄙夷真实的自己。

为什么神经症患者面对嘲讽和蔑视时表现得这么脆弱？将上面描述的情况结合起来，就知道答案了。

因为害怕暴露自己的缺点，而疏远他人、敌视他人，这种情况非常普遍。这种恐惧让一个人完全丧失生活能力。他们不敢对其他人抱有任何希望，不敢设置一个衡量他人的标准，不敢接近那些在某些方面比他们强的人，不敢在别人面前发表见解和意见，不敢在实践中展现创造力，不敢追求更高的职位，不敢让自己有吸引力。他们偶尔也会进行这方面的尝试，但因为害怕被别人嘲笑，所以行事会非常小心低调。

有一种比上面那些更隐秘的恐惧，就是害怕自身的改变。这种恐惧集合了以上所说的所有恐惧的影子。应对这种恐惧，有两种方法：一种是假装看不见，希望某天这种恐惧会自动消失；另一种是连问题是什么都不去搞清楚，就急着去解决。这是两种极端的方法。第一种是人们承认自己有缺点并认清了问题，但习惯性地拒绝改变，因为改变会让他们很惊讶。第二种是不承认自己有缺点，而且认为只要在大脑中产生了消除麻烦的想法，麻烦就会消失。

他们不仅害怕改变，还害怕改变会带来不好的后果，害怕打破自己塑造的理想化形象，而真实的自己恰是自己讨厌的那种人，害怕受到别人的指责和谩骂，害怕丧失现有的安全感和满足感，最后害怕自己不能做出改变。

想象一下就能感受到，有这种恐惧的人是非常绝望的。这些恐惧产生的根源是内心的冲突没有得到解决，所以想要解决问题，首先要拿出勇气，直面这些冲突。这样才能面对真实的自己，并获得完整的人格。即使在自我救赎的道路上充满艰难险阻，我们也要努力向前冲。

无边的疲惫：分裂性内耗

如果内心存在没有解决的冲突，人们生活的各个方面都会受到严重影响。目前，这个领域还没有人探索过。我们不妨从内心备受折磨的人表现出来的醉酒、癫痫、忧郁，甚至精神分裂等来了解一下。这里有这样一个疑问：内心没有解决的冲突，以什么样的方式剥夺了我们生活的乐趣、耗费了我们的精力、损害了我们的人格？事实上，带着这样的疑问从更加普遍和广泛的角度看待尚未解决的冲突更有意义。

有些人内心备受折磨的主要原因是，他们没能认清冲突本身，且用错误的方法去解决冲突。有这样一类人，他们在同一时间，有两种甚至更多相互对立的目标，做事的时候无法集中精力。他们会肆意挥霍自己的精力，或同时进行好几项工作。例如，很多女性，既希望自己是好妻子、好母亲，上得厅堂下得厨房，又想做女强人，化着精致的妆出席各种社交场合，对异性仍充满吸引力。这样的想法是无法实现的，因为她们无法在所有事情上集中精力。一个人的精力是有限的，当被各种事情分散得七七八八的时候，注定什么也做不好。

还有一种人，目标很明确，但动机与目标的方向却完全相反，这种情况也非常特殊。比如一个人希望别人听他的命令，又想成为帮助别人的老师和朋友，这样的愿望也不可能实现。有的人希望孩子可以在学业和事业上取得一番成就，但他是个固执己见的人，始终放不下家长的特权，不愿意放手让孩子自己做决定。还有的人想成为作家，但他拿起笔就感到痛苦。如果他真的有文才，为什么写不出东西？其实有文才这件事是他自己想象出来的，当他写不出来的时候就会冲自己发脾气。他认为自己能想到的有价值的东西其他人也可以想出来，如果他们同时在会议上提出来，那自己就必须以绝对的优势赢得所有人的支持，这样一来他写的东西就必须足够优秀。可是在他内心深处又不相信自己能写出这么优秀的东西，他非常害怕别人看不起他。结果他没有办法进行正常的思考，即使想到了很好的点子也不敢写下来。还有些人有施虐倾向，总是与身边的人作对。只要我们用心观察，就能发现很多这样的例子。

一般情况下，内心充满冲突的人难以在一件事上集中注意力，但也有个别的神经症患者会表现出惊人的“专注力”。比如有些男性为了达到某种目的可以牺牲尊严，有些女性为了获得爱情可以牺牲自我，有些父母为了孩子能在学业和事业上取得一番成就，可以把所有精力放在孩子身上。人们很容易把这些表现理解为对一件事情的专注，其实这是一种假象，他们的专注不过是在隐藏自己内心深处的冲突，是一种绝望的表现。

人们为了应对内心的冲突而在内心建立的防御系统中有很多分散和消耗精力的因素。人格结构的基本冲突中有一部分因素是受到压制的，所以不容易被发现。这些因素虽然不会主导人的行为，但在一定程度上也会产生影响。那些被用来压抑冲突的精力完全可以用于建立自信、维护与他人之间的良好关系。

这里我们要讨论的一个因素就是远离自我，这个因素同样会让人丧失前进的动力。虽然他也能完成自己的工作，但是如果外部环境造成了较大压力，他就不能独自一人完成了。此时，他大部分的创造力都被浪费了，也完全感觉不到工作的乐趣。对于大多数人而言，组合在一起的各种冲突就像一张无形的大网，把他们的人格捆绑起来。我们必须从各种角度处理它，才能将其消除。

如果存在没有解决的冲突，会出现三种失去平衡的表现。这三种表现都会消耗精力，或使精力应用在错误的地方。第一种表现是不能果断地处理某些事，这可以体现在所有事上，比如晚饭吃什么，买什么样的箱子，出去玩还是看电影。有这种表现的人会刻意回避需要做出选择的场合，避免接触需要做出决定的事。他们喜欢让别人替自己做选择，使原本应该抓住的机会溜走。如果遇到一个没有办法避免的选择，他们会表现得非常慌乱。

第二种表现是效率低，这种表现也十分典型。这里的效率低是指因为内心的冲突没有办法专心做事导致的效率低，就像让车子在刹车的时候继续向前走。有这种表现的人在做事的时候总是缓慢、迟钝，他们这样并不是不想好好做事，与他们的专业能力和事情的难易程度也没有关系。当然，做事缓慢、迟钝只是效率低的一种表现，这方面的表现还有健忘和笨手笨脚等。

效率低下和潜在的压力不仅经常表现在工作中，在人际关系中也表现得非常明显。例如某个人想要认识新朋友，但又觉得这种做法是在讨好别人，这时他的交际就不是心甘情愿的，自然就谈不上什么高效。某个人想让别人送他特定的礼物，但又觉得这种行为是在强行索取。想采纳别人的建议，但又对自己的想法念念不忘，于是就陷入无限的纠结当中。想要与自己的性伴侣保持亲密关系，又想报复他，所以就一直保持冷漠。如果人们能完全放松下来，通过感受上的对比，就能够清楚地感受到来自内心的压力。当压力强到一定程度的时候，他们才能察觉这种压力。但他们通常会认为这种由压力导致的疲劳感是工作时间过长、睡眠不充足、身体出现某种状况等问题造成的。

第三种表现是懒惰。有这种表现的人深受这种毛病折磨，他们也经常责怪自己太懒惰。当然，这并不代表他们真的承认自己懒惰。事实上，他们排斥任何努力，而且会为这种排斥找很多合理的借口。他们害怕自己的努力没有得到想要的结果，所以对行动产生恐惧。他们认为自己只需要负责出主意，具体行动是别人的事。如果有人发现了他们表现出疲劳的感觉，给他们提出相应的解决方法，反而会使他们的疲劳感加重。

严重的远离自我和找不到生活方向，是导致神经症怠惰的主要原因。这样的人十分抗拒努力付出，而且长期处于精神紧张的状态，就会失去活力。即使偶尔有激动的情绪也没有办法改变现状。神经症患者的理想化形象和施虐倾向是导致这一症状的直接因素。他们认为像别人那样努力付出不符合自己理想中的形象。所以，他们宁可在自己的幻想中表现得十分优秀，也不愿意将自己的想法付诸实践。他们从理想化形象中得到的自信，总是被真实的自卑心理代替。他们认为自己无法胜任那些非常有价值的事，从而掩埋了实践工作带来的激情和乐趣。

有施虐倾向的人在面对任何有攻击性的事物时都会选择逃避，尤其当这种倾向处于被压抑的状态时，他们会用偏激的手段改掉原先的毛病。这样反而会造成不同程度的精神瘫痪。第三种表现的影响尤其重大，它不仅能影响他们的一言一行，还能影响他们的情绪。

虚妄不实的道德观

内心的冲突一直得不到解决，不但会分散人们的精力，造成巨大的损耗，还会分裂人们的价值观、行为、情感，尤其是道德标准。道德标准分裂，不仅会阻碍人自身的发展，还会影响与其他人的关系。这样的人的道德标准是相互矛盾的，但他们会隐藏这种矛盾，结果是不断重复着这种分裂造成的内耗，相互矛盾的道德标准还会渗透到基本冲突中，其实这样的人从来没有把哪种道德观放在心里。

从根本上来说，人们理想中的完美形象是一种幻觉，塑造的人或经验不足的心理咨询师很难分辨这个形象是真实的还是幻想中的。他们会坚持自己幻想的理想化形象是真实的，不允许自己有一点过错，否则就会陷入深深的自责中。他们在实践中追求的都是简单的容易达成的目标，逃避那些难度大的目标。所以他们追求的理想并不真实，因为这种自以为是的理想化形象对他们的生活没有任何推动作用。有一个人坚信某项事业是自己毕生的追求，可一点诱惑的出现都会让他放弃这种追求，导致道德诚信受到损害。

而道德诚信受损最明显的表现就是变得自私、虚伪，诚信度越来越低。日本一些禅宗经典当中有一个非常有意思的说法，内心完整的人都是真诚的。我们通过临床观察出一个与之相似的结论：内心分裂的人无法做到完全真诚。那到底什么是真诚呢？我们可以通过一段对话来了解这个概念。

徒弟：我听说狮子不管遇到大象还是兔子都会用尽全身的力量去追捕。弟子不懂，这是一种什么力量。

师父：真诚的力量（也就是不欺的力量）。

真诚就是能把全部精力投入一件事中。这就意味着力量不会被保留也不会被浪费。一个能这样生活的人就是一头雄狮。这样的人真诚、坚强、内心完整，堪称圣人。

与真诚相反的就是虚伪，常常和虚伪一起出现的还有自私。虚伪和自私属于道德范畴，这样的人永远把自己的利益摆在首位。他们喜欢或讨好别人是为了缓解焦虑的情绪，感动别人是为了提升自尊感，谴责他人是为了推卸责任，打败别人是为了用成功支撑自己。这样的人认为其他人没有与自己同等的权利，所以将其他人当成实现自己目的的工具。

内心的冲突不管以哪种方式发展，无意识的虚伪都是其中非常重要的因素。接下来我们来看看哪些表现是无意识的虚伪。

虚假的爱。“爱”包含着丰富的感情和希望，还包含着主观上爱的感受。在社会发展的过程中，一些原因让爱变得不再纯粹。比如，人们可以因为爱变得脆弱，丧失独立生活的能力，也可以打着爱的名义追逐权力和欲望，还可以把它当成打败和征服别人的需求。事实上，这些爱都是虚假的，这种虚假的爱经不起任何考验，在亲子关系、夫妻关系、朋友关系中都可能存在这种虚假的爱。

虚假的善良。同情、慷慨等都属于虚假的善良，与虚假的爱情况大致相同。

虚假的学识和兴趣。这种情况明显出现在远离自我的人身上。他们装作对所有的事都很感兴趣的样子，假装什么都知道，什么都可以做到。

虚假的公正和真诚。这种现象多发生在内心充满对立性冲突的人身上。在他们的眼里，别人的爱和真诚都是伪装的，只有他们自己才是最真诚的。他们认为嘲讽别人是一种坦诚的表现，他们习惯性地否定所有传统的价值观，拒绝接受大众的观点。追求公正当然很有价值，而且很多时候以良知为出发点的公正，确实很难让人坚持一种立场。但内心不真诚的人经常被虚假的公正支配，他们追求公正的目的是想让人们认为他们不偏不向。这种公正不过是理想中的自我形象强加给他们的一种强迫性需求。这种人持一种虚假的客观公正的态度，他们总有一种双方观点并不矛盾的倾向。如果是一场辩论，他们会说双方的观点都对，可事实上他们没有看到问题的本质，或者说他们没有这样的能力。

虚假的痛苦。因为大家对这种表现存在很多疑问，所以会在这里详细描述。那些坚持“痛苦源于需求”观点的人认为，那些没有解决基本冲突的人，只有在别人试图对他们进行分析、揭露他们的矛盾时才会感受到痛苦的存在，但实际上，他们真实承担的痛苦远比他们能意识到的痛苦多得多。有些人喜欢习惯性地夸大自己的不幸，他们只是想利用这些痛苦来达到自己的目的，即获得别人的原谅或关心，当然，这样做时，他们自己可能是无意识的。考虑到他们的感知情况，或许于他们而言，这是达到目的的唯一可以利用的手段。

总是有人将自己的痛苦归于外界环境，于是便制造一种假象，即自己只是受害者。他们有时候也会承认自己有问题，并对此表现得很苦恼，但他们苦恼的原因是真实的自我形象与理想中的完美形象不符。比如，结束一段恋情后，他们会感觉像被掏空了一样，他们认为那是因为自己爱得太深，但实际上是因为他们没有独立生活的能力。

最后一个事实就是，这种痛苦的感受也可能是假的，有些人自认为很痛苦，其实那很可能是愤怒。举个例子，有一名女性因为爱人没有按时给她写信而感到痛苦，但其实她是在生气。她希望任何事情都按照她的意愿发展，或认为爱人对她的任何一点疏忽都是在蔑视她。这名女性不愿意承认自己生气了，也不愿意承认生气的原因，所以她就强调自己非常痛苦。通过分析上面的这些事例我们可以看出，有时人们表现出来的痛苦只是他们逃避现实的借口。

同样属于道德范畴的问题还有不明确的态度带来的不靠谱。这种类型的人很少依据客观事实表明自己的立场，而是依据自己的需求和喜好对某个人、某件事做出判断。所以他们的立场会因为主观需求相互矛盾而左右摇摆，这种情况在个人关系和群体关系中都会出现。他们无意识地避免左右摇摆的办法就是持观望态度或避免第一个发言，这样就可以随时倒向某一边。而他们给出的理由却是这种情况很复杂，无法第一时间做出判断。他们很难表达自己对他人的感受和看法，也会因为别人的轻视而失望——也可能是患者自己幻想出来的，与别人断绝往来。他们遇到一点困难就变得冷漠。他们在私密的谈话中会表现出明确的态度，但如果受到来自权威或团体的压力马上就会让步。

回避责任，是人格独立的最大障碍

“责任”这个词有太多含义，简单来说，是指一个人必须承担的事。但有些人对待责任的态度经常把人弄糊涂。性格结构决定了一个人能否承担责任，所以不同类型的性格会有不同的表现。在某些人看来，只要自己的行为影响到别人就要为此负责。不过这也可能是用来掩饰他们试图支配别人的意图。当自己的行为影响到别人的时候，他们认为自己应该受到责备，应该承担相应的责任，但这种他们认为的责任和真正的责任可能没有任何关系，很可能是因为真实的自我形象没有符合理想中的自我形象，这种负责的态度很可能是一种愤怒的情绪。

对自己负责意味着什么？首先，负责意味着承担后果，意味着无论在思想上还是行为上，对自己和他人坦诚。有些人并不知道自己在做什么事，为什么做，并且他们也不想知道。他们会认为错误不在自己身上，是妻子、同事或医生造成的，因此找各种各样的借口逃避责任，或直接否认。想要让处于这种状态的人为自己负责是件非常困难的事。

在他们的思考中，只有“错误”和“惩罚”两个概念。这也就意味着他们无法通过因果关系思考问题。当有人帮他们进行分析，让他们正视冲突以及冲突带来的后果，他们只能感受到别人在责备。在交谈的过程中，他们会觉得别人对自己充满敌意，把自己当成犯人来对待，因此他们会躲在自己建立的防御系统里。其实这些敌意是他们自己想象出来的，这些想法完全来自他们的内心世界。他们的内心世界充满戒备，敏感多疑，再加上这些心理活动外化，他们没办法把自己代入问题，冷静地思考因果关系。而且只要没有触及他们身上潜藏的问题，他们就会实事求是，接受这种偶然联系。例如雨水在地上流动这样的事，他们就不会责怪别人。

为自己负责不仅意味着要承担后果，还意味着要坚持自己认为正确的决定或行动。但神经症患者内心的冲突导致他们的判断力处于分裂状态，所有的想法都是相互矛盾的，他们不知道该如何选择，所以没办法坚持自己的立场。

我们举个简单的例子来说明这个问题。有一个人身居高职，他希望本部门没有人能超越他，无论是权力还是威望。他认为自己的经验比所有人都丰富，把权力下放给受过专业培训、具有良好业务能力的人，是一种错误。如果他离开了，这个部门就什么决策都做不出来，无法正常运行了。他觉得这个部门的其他人可有可无，而且他也不希望其他人变得重要。如果他没有达到自己的要求，会找借口说自己太忙顾不上。同时他又有顺从倾向，希望自己是一个善解人意的人。深受这些矛盾想法的折磨，他经常看上去很疲惫、困倦、懒散，这些问题又带来了新的困扰，那就是他没有办法合理安排自己的时间。他十分讨厌别人规定好的时间安排，认为这是一种强迫，但他又十分享受别人按时赴约。他还做了很多没必要的事来满足自己的虚荣心。他从不承认自己有错误，一味地把错误推给外界环境，这显然是不称职的做法。

上文提到的这个人同时拥有两种倾向：支配和顺从。而且他自己没有意识到，即使他能察觉到，但因为两者都具有强迫性，他也无法选择放弃哪一个。他只承认自己理想中的形象，比如拥有远大抱负和无限潜力。如果要他为冲突产生的后果负责，无异于把他隐藏的所有缺点都暴露出来，所以他不会对冲突产生的结果负责。

即使面对责任很清晰的后果，这样的人也是不愿意承担的。

在他们的想象中，自己是全能的，即使真的有冲突，也能轻易解决。他们总是刻意回避事情的因果关系，其实只要承认事情的因果关系，他们就能从中得到好处，至少可以让他们清楚现在的生活方式是有问题的。

人们逃避问题和冲突的方式有两种。首先，是外化，他们认为痛苦来源于所有的外部环境，例如家庭、健康、食物、大气、命运等，而自己则像个无辜的人，明明什么都没做，却要承担这么多无端的痛苦。他们觉得上天是不公平的，造成这种不公平的原因可能是生老病死、得不到赏识、家庭不幸福等。

其次，是否认痛苦的真正源头。他们认为所有的痛苦都是偶然发生的，比如恐惧和抑郁。其中的原因可能是他们对自己的了解不够深刻，也有可能是他们对心理知识所知甚少。他们要么否认别人提出的任何一种可能，要么对这些可能视而不见，要么就是觉得别人要把“责任”推到他们身上。而即便他们意识到自己懒惰的原因，也会忽视因为懒惰而产生的不良影响。

很少有人愿意承认，自己有推卸责任这种倾向以及这种倾向会带来严重的后果。其他人也很容易忽略这一点。一方面，是因为人们总是尽力掩饰自己推卸责任的倾向；另一方面，是因为这点太过明显。认清无视冲突的原因和后果，以及这样做会给自己的生活带来多大的影响，只有这样才能拥有重获自由的决心。

惯于推卸责任的人，总是看到“责任”消极的那面，所以每次谈到这个词语就会情绪失落。他们追求独立的最大障碍就是逃避责任。他们需要明白：一个人想要获得内心真正的自由就必须勇于做出承诺，勇于承担责任，勇于对自己负责。

最坏的结果：绝望

即便内心深受痛苦折磨的人，也偶尔可以从他们喜欢做的事情中获得暂时的满足。或是在一个人的时候，或是与他人在一起的时候，或是自己占绝对主导地位的时候，或是受到所有人认同的时候，都可能产生这种满足感。不过，因受到很多条件的限制，想得到这种满足感并不容易，而且这种满足感依赖的条件还经常互相矛盾。比如某个女士想要举办家庭聚会，她希望每一个细节都完美无瑕，结果聚会还没开始，她就感到精疲力竭了。再比如，这个女士为自己拥有一个成功的伴侣感到自豪，但又嫉妒伴侣获得的成功。

这并不是说内心矛盾的人找不到乐趣，只是他们的乐趣既短暂又脆弱，而且很容易被他们的缺点和对缺点的恐惧破坏。不仅如此，即便遇到经常发生的意外也会惊慌失措。他们认为出现错误就等于否定了自己的价值，哪怕是一点小过错都会让他们变得焦虑不安。如果有人评价他们，即使这种评价没有恶意也会使他们担惊受怕，变得不快乐。

上面说的这种现象已经很糟糕了，但还有一个因素能够带来更坏的影响。大家都知道缓解痛苦最好的办法就是充满希望，可是内心长期受痛苦折磨的人找不到缓解痛苦的方法，就会陷入某种程度的绝望。虽然表面上他是在按照计划实现自己的理想，但他的内心深处充满绝望。这样的人如果是男性，会把希望寄托在妻子身上，如果自己能有一个好妻子就会有比现在更大的房子，就连老板都会因此变得更好。如果是女性，就会幻想自己是一个比现在更高或更矮、更大或更小的男人，这样情况就会比现在好得多。这些期望都是他们内心冲突的外化，看起来可以帮助他们消除内心的不安，其实只会让他们更加绝望。有时神经症患者总是把改变的契机寄托于外部环境的变化，可是无论外部环境如何变化，痛苦都会跟随他们。

这些人可能自己意识不到绝望的存在，但通过观察他们的表现就能看出绝望的程度。在青少年时期，朋友的背叛、考试失利、感情受挫、被学校以不正当理由开除等都可能使人感到绝望。我们在探究反应过激的特殊原因时，还要了解到挫折引发的绝望。绝望的人可能经常有自杀的想法，但在别人面前又表现得很快乐。有些人是在交际和日常生活中总表现出一种消极、无所谓的态度。还有一种人，他们没有勇气和决心应对困难。解决现实的困难是一条很好的出路，虽然这条路伴随着痛苦和煎熬，但也可以给人们带来新的感悟和希望。可是内心茫然、绝望的人面对困难的时候常常会表现得很沮丧，也不愿意承受解决问题时的痛苦和煎熬。他们常常会感觉缺乏安全感，抱怨解决实际问题的办法只会让他们感到恐惧，起不到任何实际的意义。

人绝望除了有上面的那些表现外，还会表现为对未来的幻想和预测。我们很容易把人们对未来持有的悲观态度理解为他们害怕挫折和错误的一般性焦虑。他们设想的未来都是灰暗的，无论设想多么理性，仍然能通过他们对黑暗的凝视看到他们内心深处隐藏的绝望。

最后，还有一种绝望的表现就是慢性抑郁。因为他们伪装得太好，而且能够与别人分享美好的时光，他们表面上看起来很快乐，所以人们认为这不是抑郁。可是他们没有勇气面对新的一天，所以早上要浪费好几个小时才能起床。他们不会抱怨生活是一副沉重的枷锁，因为他们已经对生活不抱有任何希望。

有些人可能已经意识到了自己的绝望，只是他不明白为什么绝望。这样的人总是会以忍耐的态度接受生活的安排，他们很少憧憬未来美好的生活。他们会说生活本来就是一场悲剧，人的命运都是上天安排好的，谁也不能改变，如果有人不这么想，那这个人就是一个大傻子。

人们往往在第一次接触内心绝望的人时，就能感受到他们散发出来的负能量。这类人不愿意承担任何风险，不愿意付出任何代价，对任何不方便的事都感到厌烦，所以他们给人一种非常任性的感觉。他们不愿意付出，也从没想过要得到什么；不满足现在的生活环境，也不去努力改变什么，哪怕是非常小的困难都会给他们造成无比巨大的压力。其实，只要他们付出一点努力就能改变现状。

有时候只需要一句话，就能让人们意识到潜藏在他们内心深处的绝望。比如如果有人鼓励某人努力解决一个具体的必须解决的困难，这个人就会反问："你不觉得这根本不可能吗？"这样的人即便意识到自己处于这种绝望中，也会习惯性地认为是家庭、工作、政策等外界环境造成的。在他们的意识里，他们做不成伟大的事业，得不到快乐和自由，一切有意义的事都离他们十分遥远，伴随他们的只有绝望。

索伦·克尔凯郭尔在《致死的疾病》中说："一切绝望的根

源是无法成为自己。”我们似乎可以从这句话中找到答案。成为自己是一件多么重要的事，如果无法实现又多么令人绝望。现代学者约翰·麦克马雷说：“还有什么事比成为自己更重要？”

造成绝望的原因有很多，比如转移重心、没有解决的冲突、无法成为理想中的自己等。但我们要清楚一点，让人们意识到问题的存在不等于解决问题，要让他们意识到可以摆脱绝望，消除他们的宿命感，激发他们改变现状的自信心才能够拥有自主行动的能力，也意味着在解决绝望这个问题上取得了实质性的进展。

内在冲突的外化：人际关系的失衡

人际关系失衡的人，都有自我疏远的倾向。主要表现为感受不到情感，无法确定自己的喜好、理想、信念，对自己认识不清。有这种心理倾向的人就像一架被遥控的飞机，和真正的自己失去联系。当然，人际关系失衡最常见的表现，是疏远他人。他们充满焦虑，努力与他人保持距离；或者走向另一个极端，即无条件地顺从他人，但与内心仍然是疏远的。这是一种防御策略，表明他们的内心是一座孤岛，正处于孤立无援的状态。

顺从型人格

顺从型人格特点是：缺乏独立性，容易受他人影响，容易盲从，不假思索地照别人的意见去办事，一旦遇突发状况就慌张无措。拥有顺从型人格的人特别需要他人的喜欢和赞扬，他们的身上会表现出所有“亲近他人”的特征。另外，他们还需要爱人或朋友中的一位“来控制他们，帮助他们分析对错，并且满足他们生活的所有希望”。拥有顺从型人格的人不会在意任何与别人不一样的地方，只关心他们自己和别人的共同兴趣和爱好。这类情况是由于需求本身的盲目性造成的。

在他们情感理解的范围内，能够迅速感知别人提出的需求，这确实让人感到高兴。比如他们能够迅速发现有人想得到同情、帮助和赞扬的需求，但他们发现不了别人想要一个人待着的愿望。他们经常会优先考虑别人的需求或他们想象中的别人的需求，从而忽略自己的感受。在他们看来，这种满足他人牺牲自己的品质很珍贵。他们总是甘愿让别人来主导，自己则在次要位置上做一些安抚和调节情绪的工作。他们还会在不假思索的情况下把错误揽到自己的身上。事实上，他们只是希望通过牺牲自己得到相应的回报，所以当得不到回报的时候他们就会感到失望。在他们的内心深处认为别人都是虚假和自私的，只不过这样的想法被他们的服从掩盖起来了。

这种类型的人的道德标准具有强烈的约束性，没有任何张力。他们不允许出现任何来自内在或者外在失去控制的情况，认为自己可以管理好焦虑的情绪，而且自己永远不应该犯错误，也不应该受到伤害。但是，当实际情况与他们的道德标准不相符的时候，就会感到焦虑和羞愧。当被这些苛刻的要求束缚着，他们会因为不能达到这些要求而谴责自己。不仅如此，即使在过去的经历中没有达到这些要求，也会使他们产生自责的情绪。他们从小生活在不利的环境中，但他们认为自己不能受到这些不利因素的影响，而应该更加坚强地面对任何不公平的遭遇。他们认为自己根本不应该顺服、害怕和抱怨等。他们身上的重担，很多都是不用承担的。不出意外，他们会因此产生非常内疚、自责的感觉，这些内疚、自责的感觉甚至可以追溯到他们的孩童时期。

从这些苛刻的要求总是被人们无意识地应用就可以看出，它们带有很明显的强迫性。他们认为自己应该喜欢所有人，如果自己对某个人产生不满的情绪，就会谴责自己，却从来不考虑这些人身上有不好的品质。比如，有个人提到某个女人，他说这个女人自私自利，小肚鸡肠，从来不考虑别人的感受。这些事情都有依据，不是他凭空捏造出来的。然后这个人就准备开始列举事实解释为什么这么讨厌这个女人。但是当他被问道："你为什么要苛求自己喜欢那个令人讨厌的女人？"这个人好像如释重负般松了一口气。他意识到，自己一直把喜欢所有人当成自己的行为准则，不管那个人人品好坏，对他有没有价值。

这种类型的人喜欢用脆弱、可怜、卑微、孤独等词来形容自己，当他们一个人待着的时候，就会感觉到真实的无助感，就像失去方向的小船或失去教母的灰姑娘。他们不仅在梦里表现出这种无助感，还会向别人倾诉，以便吸引别人注意或进行自我防御。

他们认为自己不如别人，总是把重要的位置留给别人，因此往往无法最大限度地挖掘自己的潜能。即使他们在自己擅长的领域做出了成绩，也会认为这些成绩属于比他们强的人。他们认为那些强者在凝聚力、受教育程度、智慧等方面比他们更加优秀。

面对强者，他们会觉得自己微不足道；面对有攻击性的人，他们会觉得自己非常没用。他们非常依赖别人，总会忍不住用别人的看法看待自己。对他们来说，别人的不认可是一种毁灭性的打击。对于那些批评、打击、背叛他们的人，他会使尽浑身解数重新赢得这些人的赞赏与尊重。在别人打了他们一巴掌的时候，他们内心唯一的想法就是把另一边脸也转过去，让别人打，这样的行为说明他们有“受虐倾向”。

这些态度需要经历一个微小的奇妙的过程。拥有这种人格的人不管遇到什么样的攻击，都会选择逃避。其实，他们自己也很郁闷：不敢坚持自己的想法，不敢指出别人的错误，不敢在别人面前表现自己，不敢追求自己的理想，不敢命令和要求别人。同时，他们也做不到自己想做的事，也没办法享受生活，这些都是他们以别人为中心生活产生的郁闷。时间久了，他们就会认为无论什么样的场合，哪怕只是吃一顿饭、看一场演出、听一段音乐，都必须有别人参与才会有意义。这就使得他们越来越依赖别人，生活也变得没有任何乐趣。

顺从型人格的人会死死压制着自己的攻击性。这种类型的人，在对待别人的时候眼神中总是无意识地透露出鄙夷，似乎是在想着如何超越别人，或如何利用、控制、支配别人，无意识中仿佛还透露着一丝报复别人的快感。这些和他们表现出来的对别人的关心完全不同。因为童年时期的遭遇不同，不同的人在情绪低落的时候，内心激发出来的破坏力也会不同。比如，某个人在他五岁到八岁的时候还会乱发脾气，但过了这个阶段后就变得越来越懂事。人们在任何时候都可能产生敌视情绪，产生这种情绪的原因也是多种多样的。所以人们会产生攻击性，很可能是成年后的某些经历造成的。

顺从型人格的人故意压制攻击性倾向的目的有两个：第一，不想影响自己的生活；第二，不能揭穿虚假的完整性。破坏性的强度决定了控制攻击性倾向的力度，破坏性越大，攻击性倾向的控制越严格。顺从型人格的人会尽最大的努力把自己对所有东西的欲望隐藏起来，他们不会拒绝别人的要求，对所有外人也会表现得很喜欢。如果患者的盲目性和强制性变大，也会强化服从和讨好别人的倾向。

当患者的攻击性倾向被压制到一定程度的时候，他们又会变得非常易怒，这是自然爆发的结果。因为人们对温暖和温和的需求没有得到满足。在患者看来，自己的这些要求不过分，如果没有得到满足就一定是自己受到了不公正的待遇，所以就爆发了这样的情绪。愤怒情绪的爆发意味着患者已经压制不住那些攻击性倾向，这样的情况还会引发头疼、胃疼等。

顺从型人格的人做人一点都不张扬，可能是为了使双方和谐相处，不产生矛盾，也可能是一种压抑自己的手段。他们对别人占自己便宜的事不理不睬，可能是为了表达自己的友善和服从，也可能是想要隐藏利用他人的想法。要想克制神经症的顺从倾向，只能按照适当的顺序，从两方面分析解决冲突。

对抗型人格

对于顺从型人格的人而言，人都是“善良的”，但现实生活中却总是出现相反的情况。而对于对抗型人格的人来说，所有人都敌视他，即使现实情况并不是这样的，他们绝对不会承认自己有错。

对抗型人格的人认为这个世界就像一个角斗场，想要生活下去就要明白达尔文说的“物竞天择，适者生存”的含义。追求个人利益是人们在任何情况下都会优先考虑的法则。所以对抗型人格的人把控制别人当成自己的基本需求，他们会直接使用手里的权力控制他人，或关心别人，想办法让别人觉得自己有被他们控制的义务。他们在综合考虑了自己的天赋和各种冲突倾向的融合后，会选择使用隐藏在背后，操控事情的手段。比如一个有远离他人倾向的人为了避免与别人发生亲密接触，不会直接控制别人。但他会选择利用别人，以实现在背后操纵别人的目的——这时候他就表现出虐待倾向。

同时，他还想通过名望、成功或其他形式得到别人的认可和获得更高的地位。在这个充满竞争的社会中，权力往往伴随着成功和名望，从某种意义上来说，他希望付出努力后得到的是权力。通过这样的努力，他们不仅想得到更高的地位，还想得到一种主观上的力量——别人的认可。

对抗型人格的人很想利用别人、算计别人、把别人变成对自己有用的人。他们面对金钱、名声、事业、人际关系的时候，第一个想法是“我能从中得到什么”。在他们眼里，所有人都有这样的想法。他们认为自己是在有意识或半意识状态下产生的想法，所以一定会比别人做得好。在性格上，他们给人一种态度严肃、强硬的感觉，这正好与顺从型人格的人相反。他们认为不管是自己的感情还是别人的感情都是虚空的。即使是爱情，也是可有可无的。当然，这并不是说他们就不谈恋爱或不结婚，只不过他们更关心的是找到一个能激发他们的欲望和提高他们的魅力、财富以及社会地位的伴侣。他们不理解为什么要关心别人，在这方面他们的想法是这样的：“我为什么要关心别人？难道他们自己不能关心自己吗？”在伦理学中有一个古老的问题：一排竹筏上有两个人，如果只有一个人能活下来，应该怎么办？对抗型人格的人认为除非这两个人都是傻子或虚伪的人，否则不会选择放弃自己。对抗型人格的人会努力控制恐惧的情绪，不让这种情绪在别人面前表现出来。比如，他们很害怕小偷闯进屋里偷东西，就强迫自己待在空房间里；他们很害怕骑马，却坚持骑马直到这种恐惧消失；他们很害怕蛇，为了克服这种恐惧，他们会强迫自己经过有很多蛇的沼泽地。

对抗型人格的人希望自己成为一名战士，并愿意为此用尽全部的力气。他们认为自己永远是正确的。每次陷入绝境或与别人争辩的时候，他们都会使尽浑身解数展现自己的能力、机智和聪慧。对抗型人格的人接受不了失败，他们随时准备把责任推卸给他人，这与不敢争取成功，遇到错误就把责任揽到自己身上的顺从型人格的人恰好相反。两者对待错误的表现完全不同，但两者都不想体验挫败感。顺从型人格的人承认错误的目的只是想讨好别人，其实他们的内心并不承认自己有错；对抗型人格的人把错误推给对方，只是想证明自己是对的，其实他们内心也不能肯定对方就是错的。

对抗型人格的人既要证明自己是强大的、聪明的，也要证明他们受到所有人的欢迎，所以会一直坚持提升自己的能力，在工作中表现得认真积极。对于他们来说，只要长期坚持，取得事业上的成功或成为优秀员工不是什么难事。但这在某种意义上不是真实的做法，因为这只是他们想实现目的的一种手段。其实他们无法从工作中找到乐趣，就像不喜欢自己的感情一样不喜欢这份工作。对抗型人格的人会排斥感情，排斥感情的作用有两点：第一，感情用事可能会减少获得成功的机会，也可能会让他们不敢使用那些走向成功的办法或使他们把注意力转移到自然、艺术或朋友身上。但成功是他们的主要目标，排斥感情会让他们像加满油的机器，不停地制造出更多的权力和欲望。第二，排斥感情会影响他们工作的质量。因为排斥感情会让他们的内心变得空虚，从而失去创作的灵感。

对抗型人格的人会表达自己的愿望，生气、命令、自我防卫都会直接说出来。表面上对抗型人格的人不会压抑自己的情感，但实际上他们不比顺从型人格的人压抑得少。他们恋爱、交友、享乐和表达同情的能力都会受到这种压抑的影响，甚至认为享受生活都是在浪费时间，也就是说他们的压抑已经融入情感当中，所以我们很难看出他们对情感的压抑。

如果我们站在他们的角度看待这些事，会发现他们的看法是对的。他们认为外表冷酷无情就是内心强大的表现，不关心别人就是真诚的表现，为了追求目标可以放弃一切是认清现实的表现，所以他们认为自己的内心是强大、真诚、现实的。另外，他们觉得自己能轻松认清社会意识和宗教美德的真实面目，那些对事业的热爱和博爱的情操都是虚假的。他们认为戳穿别人的虚伪也是内心真诚的表现。他们的价值观是强权就是真理，生存法则是弱肉强食。每个人都是狼，仁慈和包容不适合人类。

对抗型人格的人不仅排斥真正的友善，还会排斥服从和迎合别人的人。不过，这并不是因为他们分不清两者的区别。他们有自己的算计，比如他们会主动认识影响力很大却很友善的人，并很尊敬他们。

回避型人格

内心脆弱的人是无法深入自己的内心的，他们的一个标志就是不能进行有意义的独处，而且他们也不会有这样的需求。只有当与别人交往产生了不能控制的紧张感的时候，他们才会想要自己一个人待着。

精神科的医生认为，过分远离人群是回避型人格的主要特征。有这种倾向的人不想和别人太过亲密，他们自己也会着重强调这一点。这种类型的回避本质上与其他类型的回避没有区别。比如，顺从型人格的人把这种疏远的意愿隐藏起来，因为他们需要亲近他人，而一旦发现自己疏远别人，就会感到非常害怕，他们认为自己和他人之间不应该有距离。回避他人代表着人际关系失衡，这种疏远和一个人的心理倾向没有关系，主要和失衡的程度有关。

心理学上还有一种回避是疏远自我，而且有回避倾向的人都有这个特征。主要表现为感受不到情感，无法确定自己的喜好、理想、信念，对自己认识不清。有这种心理倾向的人就像一架被遥控的飞机，和真正的自己失去联系。在海地的传说中，有一种巫术可以把尸体变成僵尸。这些僵尸可以和正常人一样生活和工作，但他们已经没有意识，无法意识到自己在做什么。回避自我的人就像这些僵尸一样，无法感知自己的情感和外界环境的变化。

所有远离人群的人都会以客观的态度兴致盎然地观察自己，就像观察艺术品一样。他们像“旁观者”那样观察自己的内心，总是能以令人吃惊的理解能力解读自己理想中的形象。最重要的是，他们希望自己能保持和他人之间的情感距离。更准确的说法是，他们只是在表面上与别人交往，内心已经决定在情感上不以爱、斗争、合作、竞争等形式与别人产生关系。他们在自己身边设置了一圈“魔法屏障”，当有外界因素闯进来的时候，他们就会担心和忧虑。他们的主要目的就是“不参与”，为了达到这个目的，他们学习培养所有必要的素质。这些素质有一个非常明显的特征，就是可以实现自给自足的需要。

对于自我回避型的人而言，限制自己的需求可能是有意识的，也可能是无意识的。总之，一种新的保护自己的方式出现了，但是这是一种更加不靠谱的方式。这样做只是为了保持远离群体的状态，防止过分依赖群体，而不和任何人和事物发生亲密的关系，最好也不要去管别人。这个意图被他们很好地隐藏了起来。一个人也许在疏远自我后才能感到真正的快乐，但他不允许别人快乐；偶尔会和朋友共度一个夜晚，这使他感到快乐，但他不喜欢社交活动；总是逃避争斗、成功、生育；认为自己必须控制自己的饮食和生活习惯，这样既能节省开支又能保证时间和生命不被浪费；痛恨生病，因为这个时候需要别人照顾，他认为这是一件耻辱的事；自己去学习和理解某些知识，因为他相信亲眼所见和亲耳听到的事。这些确实能帮助他形成最珍贵的独立性格，但绝对不能发展到荒唐的地步。

回避型人格的人一个明显需求就是隐秘，因为他们总想保持神秘感。如果他们住在客房里，房门上肯定总是挂着“请勿打扰”的牌子，对于他们而言，连房间里的书籍都是侵略者。有一个有这种倾向的人说，小时候，他妈妈曾告诉他，上帝会透过百叶窗看到他咬手指头。后来，即使已经四十五岁了，他还在怨恨上帝的全能。他不愿意说任何与自己生活有关的事。

回避自我的人总是觉得自己最“特别”，他们认为自己没有受到别人的特殊对待就是被无视了，这令他们很愤怒。但他们希望一个人吃饭、睡觉、工作。因为害怕别人打扰，所以不愿意和别人分享自己的经验，却也能在听完音乐、散步回来、与他人交谈完回味的时候感受到快乐。

回避型人格的人害怕正视自己的冲突，也害怕暴露自己的人际关系，所以他们不愿意与人打交道，也不愿意看清自己。他们希望能够独处，这样可以使他们与别人保持足够的距离，就不会因为人与人之间的矛盾而感到焦虑。如果有人能将他们的矛盾分析得十分清晰透彻，他们反而会很厌烦这个人，对于想帮他们一把，把他们从自我疏离中拉出来的人也十分抗拒。于是他们更加封闭自己，也不愿意相信任何人。

回避的首要功能就是使关键冲突失去本来的效果，以此来应对冲突。回避就是借助逃避应对冲突的策略，所以这种方法表面看来是积极的，但无法解决根本问题。比如回避型人格的人无法摆脱依附、支配、自私等强迫性需求。这些需求并不会影响他们正常思考事情，但却时时刻刻地控制着他们。这样的人只有从相互矛盾的价值观中解脱出来，才能真正获得内心的平静和自由。

疏离型人格的人，会强制自己追求某些东西，这种追求还具有盲目性。他们对强制性要求和需要履行的义务等感受非常敏锐，认为这些具有约束性的行为会带来不同程度的压迫感。对于疏离型人格的人而言，每个人对产生压迫感的敏感点并不相同，比如有些人会对衣服的领口、腰带、鞋子对身体的压迫很敏感；有些人对视线的压迫敏感；有些人可能对狭小的环境的压迫敏感，比如害怕待在隧道或矿井中，这可能会引起幽闭恐惧症；有些人对亲密关系产生的压迫敏感，比如害怕结婚。

时间本身也会给回避型人格的人带来压力，时间是无情的，从不等待任何人，并且从没有停止过流逝。一旦限定时间，他们就觉得被束缚了，失去了自由。他们很可能在每天上班的时候迟到五分钟，以此幻想自己是自由的。他们从来不会按照规章制度做事，也不愿意按照别人的指令做事。只要产生了被约束的感觉，不管这种感觉是别人真实表达的，还是自己想象出来的，他们都会产生逆反心理，想要反抗。比如，他们平时很喜欢送别人礼物，但总是记不住在应该送礼物的生日或圣诞节送别人礼物。他们最不愿意遵守那些代代相传的价值观和经过长期实践形成的行为准则。实际上，他们讨厌所有的规则和标准，但表面上会遵守这些东西，因为这可以避免与他人产生冲突和矛盾。他们会拒绝别人提出的意见，哪怕这种意见和他心中的想法一样。这种拒绝可能和他内心有意识或无意识的想打败别人的愿望有关。

回避型人格与人们对优越感的追求有着某种内在关联。疏离自我的人对优越感的需求会更加强烈，比如，“洁身自好”“安然自得”“明哲保身”这类词语就是对个人优越感的强调。甚至有人认为出现远离人群的现象就是因为优越感的存在。现实中，能够忍受独处的人有着非常强大的内心和自觉性。但如果一个人有回避的倾向，当在现实中感受到挫败，或被激烈的内心冲突粉碎了优越感时，就会变得无法忍受孤独，这时他们也会奋力寻求别人的喜欢和保护。不过，这不会影响他们对孤独和自由的追求。他们梦想着将来能有一番作为，却无法面对现实；他们在高中的时候成绩排在靠前的位置，但到了竞争残酷的大学，却开始倒退。随着年龄的增长，他们可能会谈几次失败的恋爱，在现实中摸爬滚打一番后，他们发现要实现自己的梦想实在是太难了。这时候他们越来越渴望建立亲密的关系，越来越希望恋爱、结婚、生子，并且再也无法忍受远离群体的孤独。即使他们在恋爱关系中是受委屈的一方也不在乎。实际上，这是强制性内驱力作用的结果。当人们处于这种状态时，主动去接近人群，维持亲密关系，其实只是得到某种形式的爱，并不是在心底放弃了回避的愿望。只有当他们感觉自己的内心变得强大的时候，才会产生轻松的感觉，并发现他们更愿意“独自生活”。这时候他们会充满自信地告诉别人，他们渴望独自生活，在外人的眼里他们又回到了回避的状态。

回避型人格的人对优越感有着某种特殊的需求。在他们眼里，自己内在的良好品德和那些被自己隐藏起来的优点，很容易被别人发现。但他们不会通过不断的努力超越别人，因为他们讨厌竞争。这就像在他们的梦里，出现了一个隐藏着金银财富的村庄，内行人会从很远的地方赶来看上一眼。出现在他们梦里的那些金银财富就代表着被“魔法屏障”隐藏起来的智慧和感情生活。

有回避倾向的人保持着与他人的距离感，是他们表达优越感的另一种方式，这种距离感让他们感觉自己是“独一无二”的。他们会把自己比喻成长在山顶上的大树。为什么是山顶而不是森林里呢？因为生长在森林中的大树会相互干扰，生长状况并不是很乐观。顺从型人格的人在遇到伙伴时，会偷偷问自己“他会喜欢我吗”；对抗型人格的人只想知道“这个对手的战斗力怎么样”或“他能给我们带来什么价值”；而回避型人格的人最想知道的是“他会打扰我吗？他到底是想给我施加什么影响，还是想让我一个人待着”。

顺从型人格的人在情感上追求喜爱和亲近，对抗型的人追求生存和支配。这两种类型的人都有着积极的目标，而且他们的情感生活都是固定的。回避型人格的人，思想是消极的，他们不想受到别人的干涉或影响，不想让别人参与自己的生活，也不想让自己卷入别人的生活。这种类型的个体之间差别很大，他们摆脱不了否定的思想，所以只能成为少数。

回避型人格的人会压抑任何能让他们产生依靠的感觉，比如某种愿望、对某件事产生兴趣或快乐的情绪。他们觉得对这些感觉产生依赖是对自己的背叛。只要有人表现出一点侵犯他们自由的迹象，他们就会逃离，哪怕是朋友也不行。要是他们发现，周围的环境没有影响到他们的自由，就不会产生不快乐的情绪。有时候疏离型人格的人会把自己变成一个禁欲主义者，因为他们害怕自己沉浸在某种快乐的情绪当中，这会束缚自己，影响自己的自由。这种禁欲主义很特别，或者称为自我限制更准确。在我们承认它的理论的前提下，这种禁欲主义是比较明智的。因为这种禁欲的目的不是自我否定，也不是为了让自己受苦。

任何事物都有其两面性，疏离型人格的人也存在有利的一面。在东方哲学中，要达到最高的精神境界必须以孤独为基础。

人们不断追求这种精神。当然，我们必须区分病态的疏离和为达到更高的精神境界的疏离。对于后者来说，“孤独”是实现自我价值最好的途径，它代表着人们有意识地选择另一种活法。而病态的疏离则是人们内心的强制性需求，这是他们唯一的生活方式。病态的回避型人格的人能从中得到多少好处，取决于这种病态回避的严重程度。如果发展为神经症，其破坏力可以摧毁所有东西，只是回避型人格的人内心还是保留了一点诚信。这在人际关系良好的诚信社会可能显得微不足道，但在充斥着妒忌、贪婪、虚伪和冷酷的社会里却能带来很大影响。它会给一个没有足够自我保护能力的人带来伤害。于是，人们需要保持与他人之间的距离，来维护自己的尊严。远离人群还可以帮助饱受内心折磨的人获得安宁。只是依靠这样的方式获得安宁需要人们付出巨大的代价。另外，虽然他们躲在自己设置的“魔法屏障”后面，但依然无法彻底摆脱感情生活。自我回避可以帮助人们得到某种独特的情感。当他们在一定程度上改变了对世界的看法后，有助于缓解内心的矛盾冲突，变得心态平和，没有了精神上的困扰，他们往往能展现独特的创造力。在这里要说明一点，我并不是说病态的回避能产生创造力，只是这种回避能帮助有这种倾向的人获得某种机会，去展现自己的创造力。

虽然回避的好处很多，但病态的要远离人群的人不顾一切维持独立，并不是因为回避能给他们带来好处。通过对这一现象的观察分析，我们可以看到更深层次的问题，如果我们采取强制手段要求回避型人格的人亲近别人，很可能会让他们精神崩溃。精神崩溃引发的后果多样且广泛，比如自杀、抑郁、酗酒、丧失工作能力、功能性障碍等。

回避型人格的人有时会因为无法维持与他人之间的距离感到恐慌。我们还要补充一点，他们没有应对生活的能力，所以为了避免与别人打交道，就表现得非常冷漠无情，一旦无法避开与别人交谈沟通，他们就会惊慌失措。出现问题时，自我疏离型的人既不会主动解决问题也不会顺从接受解决问题的办法。他们不是没有感情，只是闷在心里不表达出来。他们不会与别人争辩，也不会与别人合作。他们就像被追捕的野兽，只能逃避和躲藏。或者，就像非洲中部的矮人族，需要森林这样的保护屏障，在森林里没有谁可以和他们抗衡，但是到了森林外他们却没有任何反抗的能力。又或者，可以把这类人比喻成中世纪的城市，必须依靠城墙保护，一旦攻破城墙，整座城市就会沦陷。了解了处于回避状态的人的这种心态后，我们就能理解他们的生活为什么充满焦虑，也能理解他们为什么努力与他人保持距离。从本质上来说，这种回避的倾向是人们积极应对生活制定的防御策略，只是这种方式比较特殊，这表明他的内心是一座孤岛，正处于一种孤立无援的状态。

理想化形象

理想化形象是一种虚拟的、幻想的自我，非常美好。这种美好形象，使人获得虚无缥缈的优越感。为了坐实这种优越感，人们迫切需要得到别人的认可和肯定，于是变得极为脆弱。如果我们确实拥有某种品质，是不需要别人认可的。相反，如果我们只是假装自己拥有，就会非常敏感，害怕别人怀疑。

理想化形象，让自信失去建立的机会

美国文艺杂志《纽约客》上有一幅漫画：一个肥胖的妇女站在镜子前，镜子里映出的却是一个身材曼妙的少女。就像漫画里的这位妇女，总是有人不愿接受真实的自己，于是在内心里把自己塑造成理想中的样子，那是一种“就是”，或在某个时刻“觉得是”“应该是”的理想化形象。她自己或许并没有意识到这种形象与现实之间有多大的差距，但它对这个人现实生活的影响是非常真切的。他们根据自己的喜好来创造这种形象，比如漂亮的外表、聪慧的头脑、温柔的心性、诚实的品德等，并把这些想象夸大得毫无边际。这些幻想出来的东西会使人获得虚无缥缈的优越感，为了坐实这种优越感，人们迫切需要得到别人的认可和肯定，于是变得极为脆弱。如果我们确实拥有某种品质，是不需要别人认可的。相反，如果我们只是假装自己拥有，就会非常敏感，害怕别人怀疑。

在外人看来，陷入想象而自我陶醉的人是非常明显的，但他们自己意识不到，也不知道理想化形象中包含多少奇怪的地方。所以，理想化形象从本质上来说是一种无意识现象。他们认为，这种理想化形象是对自己的高要求，并把这种完美当成真实的存在去追求。他们为此感到骄傲，丝毫没有怀疑它的真实性。

一个人创造的理想化形象对他看待现实的态度有多大影响，取决于他的兴趣焦点。如果他在意识中相信理想化的想象就是真实的自我形象，就会坚定地相信自己是一个优秀、有智慧、有才华的人，即使身上有缺点，也是与众不同的。一旦看到自己的真实形象，他就会看不起自己。因为真实的自我形象与理想化形象相比，差距太大了。因为不能接受真实自我的不完美，人们同样会美化真实的自我形象，这种脱离真实形象的做法被称为藐视形象。

理想化形象是静止的，是人们膜拜的一个泥塑雕像，是人们永远没有办法完成的目标。而真正的理想具有能动性，能刺激人们去接近它，是人们在成长和发展的过程中真正的动力。所以，理想化形象与真正的理想之间存在一条分界线。理想化形象让人自高自大，这样的人要么否认自己的缺点，要么过分谴责自己的缺点，这只会阻碍理想的实现，而真正的理想会让人们变得谦逊。

僵化是理想化形象的特点。如果我们自视甚高、认为自己非常完美、称自己为道德模范，那么所有的缺点和所犯的错误都会被说成优点。这就好比原本破旧的墙壁，墙面上坑坑洼洼，而出现在某幅优秀的画作中，就变成了灰色、浅红和褐色的完美搭配。

现实的残酷就在于，总是能打破人的幻想。一个陶醉于“完美的自己”的人，一旦意识到理想与现实之间的差距，就会不顾一切消除这种差距，维持自己的完美形象。在他们的表达中，不停地出现“本来应该”这个词，例如，我本来应该有什么样的感受，我本来应该怎么做，我本来应该怎么想……他们像极端自恋的人一样觉得自己就该是完美的。他们相信，只要更谨慎、更自律、要求更严格、考虑更周全，就能做到十全十美。

长期浸淫在理想化形象中的人，是没有时间和精力建立自信的。或许，他们还是留有一点点自信的，但是如果无法正视幻想与现实的差距，残留的一点自信就会变得越来越不值一提。建立自信的关键条件包括：活跃和发挥实际效果的感情力量，能在自己的生活中积极主动地发挥作用，能不断朝着自己的目标前进。

对于内心无法平静的人来说，这些条件一旦遭到破坏就很难修复，因为它们在短期内是无法形成的。他们只能被动接受指令，从而导致他们的决策能力越来越弱，他们对他人的依赖程度与日俱增，例如盲目地想要成为人上人、回避别人、敌视他人等，他们会因此无法控制自己的人生。这样的人会压抑大部分情感，使这些情感失去原本巨大的作用。处于这种状态的人实现自己理想的可能性几乎为零。不只如此，他们还失去了自己立足的根基，不得不把自己的能力和重要性夸大。因此理想化形象成为他们必不可少的一部分，他们相信自己拥有无穷无尽的能力。这种基本冲突会使他们人格分裂。

当一个人为自己塑造了理想化形象时，这个形象就会代替真实的自信。实际上，他们并不清楚自己的理想是什么，这种自己塑造出来的理想跟真正的理想是背道而驰的。这样的理想对塑造它的人来说，起不到丝毫的约束和指引作用。当然，人们创造的虚幻追求也会给他们的生活带来某种实际的意义，让他们树立一定的生活目标。或许，他们很早就意识到了这种理想是有问题的，但是他们心里根本就不在乎，就是要相信它。但是这些虚幻的东西禁不起现实的打磨，一旦这个理想化形象被一步步摧毁，他们会产生巨大的危机感。只有在这种时候，他们才能真正正视理想化形象的问题，也是在这种时候，他们才明白理想应该是有实际意义的，并且想弄清自己的理想是什么。理解理想化形象的作用，对于帮助人们打破这种形象的迷梦、建立真正的自信，有深远的意义。

理想化形象，让人与世界对立

理想化形象让人无力面对充满危险的世界，只有远离他人才能减轻或消除那种孤独脆弱的感觉。在现实的威胁下，他们必须时刻与别人进行比较，以免受到别人的欺骗、侮辱、控制。为了不让自己因为内心的卑微、脆弱而难受，就要在自己的身上找到一些了不起的品质。这种能让他们感到优越的品质可以是高雅、容忍、友好的，这些优越感和想要超越他人的倾向还是不一样的。一个内心脆弱的人，无论他外在的表现是什么样的，始终无法摆脱心底的卑微感，认为别人都看不起他，所以他有很强烈的耻辱感。他需要一种报复型的胜利来消除这种屈辱感。在很多情况下，这种报复型的胜利体现为战胜他人。对于这种需求，他自己可能是有意识的，也可能是无意识的。不管他有没有意识到，这种需求都存在他的思想中，并起到相应的作用。现代文明中人与人的竞争异常激烈，这促使人们迫切想要出人头地，同时也使人们的内心越来越难以平静。

内心的烦乱会使人们越发敏感，下意识地与其他人保持对立关系，并处在随时防御或攻击的状态。比如，对抗型人格的人，他们千方百计地掩藏自己的软弱和畏惧等缺点。他们认为，拥有这些缺点是可耻的。甚至，在他们眼里，温柔就等同于软弱，是应该被鄙视的。他们非常抵触那些不符合自己待人接物态度的观点和做法。让他们相信自己并不完美，也没有他们想的那么重要，简直难如登天，为什么会这样？因为他们根本就不想面对自身存在的冲突。你可以叫醒一个睡着的人，但是要怎样才能叫醒一个装睡的人呢？理想化的形象正是他们应对现实世界的一道屏障，这道屏障有一个很重要的作用就是隔离冲突。承认自身的缺点会威胁他们辛苦建立的和谐的假象。所以，自身的冲突越严重，他们就会创造出越复杂、越僵化的理想化形象。也就是说，理想化的复杂和僵化程度与冲突的激烈程度成正比。

我们已经相当清楚，人们为了缩小理想化形象与真实自我之间的差距所做的努力都是白费力气的，最后的结果只能是让这种差距变得越来越大。可人们不得不接受它，并且给自己寻找各种各样的理由接受它，因为理想化形象确实存在不容忽视的主观价值。当塑造一个理想化的形象也不能让人们获得安慰时，人们就会产生另一种倾向，我们称之为外化。人们认为自己内心的活动是受外部环境影响的，所以所有的麻烦都是外界因素导致的。外化倾向与理想化形象在根本上没有太大的区别，都是一种逃避自我的表现。但两者又有不同，理想化形象是人们对真实的自我进行加工和装饰，所有的活动都发生在自己身上；外化倾向则是人们彻底逃避自我，或者说完全抛弃了真实自我的表现。简而言之，人们创造理想化形象是为了应对基本冲突，可是当真实的自我与理想化自我差距太大的时候，他们就无法接受，也没办法从中获得满足感。所以他们需要用别的办法来安慰自己，这个时候只能把发生的所有问题推给外部环境，也就是逃避真实的自己。

把自己所有的问题都归咎于外部环境，紧接着就会引发“投射”行为。所谓“投射”，指的是把自己不喜欢的东西，比如自卑感、企图心、虚伪、掌控、顺从等，强加在他人身上。也就是说，他们认为自己身上有的东西，别人身上也有。另外，外化倾向不仅包含把所有的错都归于外部环境，还包含更复杂的东西。因为有外化倾向的人不仅认为问题和失误是其他人的，甚至认为自己能感受到的所有东西都是别人的。比如，一个有外化倾向的人，生活在某个弱小落后的国家，在他看来，自己的国家正在遭受来自别国的压迫，因此内心非常焦虑。但他并不清楚，这种压迫并不一定真实存在，这只是他内心的一种感觉。再比如，人们能感受到来自别人身上的绝望，却不知道这种绝望的感觉来自自己的内心。所以这里有一个很有趣的现象，他们无法感知自己的态度。他们感觉别人对自己产生了某种怨恨，其实这种怨恨来自他们自己，而被怨恨的要么是他们自己，要么是别人。他们认为，自己的开心快乐、成功失败等都来自外部环境，心情好的话是因为天气好，获得成功来自幸运女神的眷顾，失败来自命运的安排。

最大的危害：扼杀真正的“自我”

压抑或扼杀真正的“自我”是理想化形象最大的危害。因为这个形象的塑造者会遗忘真实的自我感受、爱好和信念，他们不知道自己活在虚假的形象当中。患者的做法使自己真实的生活充满危机，这一切都源于他们给自己编织的“蜘蛛网”，也就是将问题合理化产生的无意识的托词。他们没有活出真实的自己，所以对生活失去兴趣；不知道自己想要什么，所以做不出任何决定。只有当他们遇到困难和麻烦的时候，他们才会意识到，出现这样的表现是因为不了解真实的自己。我们只有认识到他们遮蔽真实内心的面纱会延伸到外部世界，才能了解他们的生活状态。“如果没有真实世界的干扰，我的生活肯定比现在好。”这个说法就是这样的人的状态的真实反映。

塑造理想化形象是用来应对基本冲突的，但这种理想化形象的危害要大于好处。因为它会造成新的裂痕，甚至比以前的危害还要大。人们是因为无法接受真实的自己才去塑造理想化形象的，这样做的结果是，把自己抬得太高，高到真实的自己根本无法到达，从而让他们更加蔑视自己。他们挣扎在真实的自我形象和理想化形象之间，徘徊在自我欣赏和自我排斥之间。于是产生了新的冲突，一方面他们在两个完全相反的倾向上做着努力；另一方面内心的失衡状态让他们变得很顽固，像在政治上独裁的人一样。他们有时会认为自己就是非常完美的。这会让他们像“自恋者”，无法察觉身上存在的裂痕，拒绝接受任何批评。有时他们又能意识到自己离完美还有一定距离，极其严苛地要求自己向着那个方向努力，这会让他们感觉自己能成为一个“完美的人”，只是早晚的问题。有时他们又会拒绝这个形象，认为这是强加的任务。最后这种反应会让他们否定所有的事，拒绝承担任何责任。

从根本上来说，以上种种反应都是挣扎，就像那种追求“自由”的对抗型人格，他们会用这种标准衡量别人，也会试图推翻这种标准，这种现象只能说明他们受到了理想化形象的限制。他们可能在某个时刻从一个极端走向另一个极端。比如，他们在某个时期想做一个大好人，结果没有得到预期的安慰，于是他们坚决反对这种“好”的标准，走向了与好人对立的那面。更多时候我们看到的是这些态度的混合体，所以他们的所有尝试都会以失败告终。他们是想用这些态度摆脱难以忍受的处境。身处困境时，为了获得内心的解脱，他们会轮番使用各种办法。

尝试使用各种办法回避问题，会阻碍人们的正常发展。因为他们看不到自身的问题，也就无法从错误中吸取教训。他们认为自己已经取得成功，所以越来越不在意自己的成长。而他们所谓的成功，其实不过是创造了一个更加完美的理想化形象——一个无意识状态下创造的、没有任何缺点的形象。因此，对于这些人而言，要帮助他们，首先要让他们意识到那是一种理想化形象，是他们主观的产物，沉迷其中会带来什么样的苦恼，甚至危害。当然，即便他们认识到了这些问题，可能还是会犹豫要不要从这个美梦中醒来。如果意识不到，就永远不会停止创造这种形象。不停止创造这种形象，就不会停止对它的依赖。

越顽固，越脆弱

我们可以认为理想化形象是一种虚拟的、幻想的自我，这种说法其实只对了一半。理想化形象确实是凭借自己的主观愿望创造出来的，但并不是没有依据的空想。它牵扯到很多现实的因素。比如他们幻想出来的那些不切实际的成就感，是因为他们真的具备那样的潜力，所以理想化形象也反映出人们的真实理想。也就是说，他们创造出来的理想化形象是心理需求的真实反映。这种真实的心理需求对塑造人产生了实在的作用，其影响力是真实的。基于这个规律，通过了解一个人塑造的理想化形象的特点可以了解这个人的真实性格特征。

无论理想化形象有多少虚假的成分，塑造它的人自己坚信它是真实的自我形象。他们的坚信度越高，真实的自我就被压制得越深，理想化形象就越顽固、越僵化。理想化形象的作用就是让他们真假不分，颠三倒四，抹杀真实的人格。对于很多人来说，唯有坚信那个塑造出来的理想化形象就是真实的自己，才能让自己归于平静，否则他们无法从混乱中抽身出来。这就可以解释为什么理想化形象受到威胁的时候，人们会有那么激烈的反应。虽然这种理想化形象是人们虚构出来的，但在他们心里，这种形象是完美的、真实的，可以给他们带来强烈的存在感和优越感，并且使各种倾向和谐相处。他们认为，只有自己比别人优秀，才有资格提出自己的主张和要求。一旦这种理想化形象被撕破，他们就认为自己是渺小的、多余的、卑微的，从而产生强烈的危机感。他们认为，有缺陷的自己没有资格提出要求。他们更加害怕直面自己的冲突，如果处理不当，超出心理承受能力，有些极端的人甚至会直接发展为病态，也就是精神分裂。实际上，认识到真实的自己，以及由此产生的矛盾感受，比理想化形象宝贵得多，可以帮助他们转变成一个真正优秀的人。但这种转变通常需要很长时间，而且对他们目前的情况没有任何帮助。但对他们而言，这是一场毫无把握的冒险，他们能感受到的只有恐惧。

对于塑造者来说，理想化形象的地位应该非常牢固，因为它的确有很大的主观价值。但事实上并不是如此，这间装满宝藏的屋子也装满了炸药，随时都有爆炸的可能。其实他们非常脆弱，只要某一个举动和他们创造的理想化形象不符，或遭到外界的批评，他们内心的冲突就会浮现，这个装满宝藏和炸药的屋子就会崩塌。想要避免遇到这样的危险，他们就必须限制自己的生活，逃避没有绝对把握的任务，尽量回避得不到赞美和嘉奖的场合。在他们的幻想中，只要他们愿意就可以凭借自己的天赋画出一幅好的作品，而那些需要依靠努力才能实现愿望的人都是愚蠢的。他们认为和其他人一样努力是一种耻辱，因为这样等于承认他们自己是庸才。实际上，任何成功都与努力有关，他们的这种态度让他们离真正的成功越来越远，真实的自我形象与理想化形象之间的差距也越来越大。

他们期待别人的认同、赞赏、钦佩，甚至奉承，但这些只能带给他们暂时的安慰。他们可能没有意识到，他们厌恶的那些人其实在知识、见解、沟通等方面都非常优秀。因为这些人威胁了他们的理想化形象。这种厌恶的程度与他们对理想化形象的依赖成正比。如果他们受到了打击，就会盲目崇拜那些宣称自己重要并表现得非常有气势的人。他们崇拜的只是这些人身上表现出来的符合他们内心理想化形象的东西。不过他们早晚会发现这些人从没有在乎过他们，那时他们就会陷入失望的情绪之中。

自恋与自负

自负，骨子里是一种想要和别人交好的愿望，如果别人不喜欢、不尊重自己，至少也另眼相看、关注自己。他们把别人的另眼相看当成爱。他们不能接受别人对他们做出低于自己预期的评价，更不要说批评了。他们衡量别人的标准是，这个人是否赞美和奉承他们。只要是钦佩他们的人都是好人，有智慧的人；否则就不是好人，缺乏智慧。

泡沫化的自我——自恋

我们很难给“自恋”下一个准确的定义。因为这个词语包含的范围非常广泛，比如自尊、虚荣、骄傲、追逐名利、要求他人爱自己、疏离群体、有理想和创造欲等。发生学[1]对这个词语的定义比较准确：自恋是某个人爱自己到了极致。格雷戈里·齐尔伯格说，“自恋”是一种心理状态，是人们自然流露出来的一种情感状态，并不是人们通常认为的以自我为中心和自私自利。当人处在这种状态时，会暂时忽略别人，只对自己产生爱恨。他们的内心眷恋着自己，在自己的心境中自我欣赏、自我可怜。自恋并不是自爱的表现，自恋的人只是在真实世界里丢失了自我，因此只能把希望寄托在幻想当中。而丢失自我会使自己的爱和对他人的爱枯竭。

1　发生学，是指生物种类在地球发展过程中的发生与发展。

我们把这种自恋称为基本自恋倾向，如果人们早期经历造成的影响并非不可逆转，或后期的成长环境变得有利，这种基本倾向就能被克服，否则就会被强化。而强化的因素有三点：

第一，无力感不断累积、膨胀。通过超越他人来证明自己是一股强大的动力，因此人们总是很迫切地想要做出成绩，使周围的人认同或喜欢自己。当然，这样做也存在只顾追求结果而忽略了效果的危险。比如，有些人交女朋友是为了享受征服她带来的成就感，或认为女性能帮助他们提高威望。再比如，有些人喜欢创作，但他们的出发点是想引起别人的关注，而不是对创作出优秀的作品本身感兴趣。如果他们的作品并没有得到预期中的赞赏，他们就说是因为作品超越了时代。对他们来说真实的形象不是重点，重点是形象是否光鲜，因此总是伴随着浅薄、浮夸和投机取巧，这些反而扼杀了创造力。而且用这样的方式赢得的荣耀带给他们的安慰并不能长久，他们会感到不安。他们会继续加强这种自恋倾向来缓解不安的感觉。拥有自恋倾向的人竟然能把缺点说成优点，把失败说成成功，这一点真的令人十分困惑。

第二，对周围世界充满不切实际的期待。他们是天才，别人应该无条件承认这一点。他们不需要做什么，就应该有女人主动靠近。如果与他们交好的女人爱上了另一个男人，他们会觉得这是一件不可思议的事。这种类型的人期待自己不主动、不行动就能获得忠诚和赞誉。此外，他们“期待”的目标非常明确，因为个人的主动性、自发性、创造性受到阻碍，而且还对亲近别人感到恐惧，所以期待就是非常有必要的事。因为过于自我膨胀，他们的感觉很麻木，所以非常依赖别人的肯定和赞扬。自恋倾向不断强化的路径有两条：首先，他们必须强调自己认为的价值，目的是证明他们对别人的要求是正当的；其次，为了掩盖不恰当的期望带来的失望，他们必须不断重复这种强调。

第三，与周围的人关系越来越差。那些抬高自己的幻想和极其渴望获得别人肯定的愿望，使他们变得非常脆弱。由于周围环境忽视了他们的期许，他们就觉得自己受到了伤害，对其他人的敌意也更加明显。自己也感到更加孤独，只能躲在自己的幻想中。他们还会把不能实现目标的罪责推到别人身上，所以会加剧对别人的怨恨。结果他们的身上就会出现一些违背道德的表现，比如憎恨、猜疑、冷漠、自私自利。

对于是否“自恋”的判别，关键在于这个人是否过于自我关注或把自己看得太高。自恋的表现类似自我膨胀。心理膨胀与通货膨胀非常相似，都是自我赋予的价值太多，超过了实际价值。这就意味着这个人对自己的迷恋和羡慕基于一种缺乏依据的价值。同样也意味着这个人具备的某种素质没有自己心目中那么多，却期待着别人的爱与赞赏。

人为什么会抬高自己呢？生物学理论认为，这种倾向源于人的本能，但这样的说法难以服众。有关神经症的研究表明：有自恋倾向的人在人际关系方面存在障碍，这种障碍与个人的成长环境有关。孩子因为悲伤和害怕而自我隔绝和疏离，与他人的积极的感情纽带越来越脆弱，逐渐丧失爱的能力，发展为自恋倾向。

这种不利的成长环境还会阻碍他们自我情感的发展，情况严重时不仅会打击自尊心，还会压抑自发性。其结果就是盲目迷信父母的权威，认为父母永远是对的，对父母唯命是从，没有自己的主见。父母牺牲自己的全部时间和精力照顾孩子，孩子认为也应该牺牲自己成全父母；父母把自己未完成的心愿或做不到的事强加给孩子，用天才或公主的标准严格要求，这会使他们误认为父母不喜欢真实的自己，于是隐藏起自己的真实性格。父母的这些表现会导致孩子为了得到别人的认可而无条件顺从别人。用强硬或温柔的态度把自己的想法强加给孩子，孩子会感到恐惧，但由于他们太小，不知道可以抗争，更不知道如何抗争，所以不得不按照父母的想法安排自己的人生。于是他们渐渐失去自我，也就是远离“真实的自我”。在这个过程中，孩子的意志、情感、爱恨、兴趣变得麻木。他们开始依赖别人的看法，别人说他们好他们就认为自己好，别人说他们傻他们就认为自己傻，别人说他们聪明他们就认为自己聪明，别人说他们是天才他们就认为自己是天才。他们逐渐失去了衡量自身价值的能力。大部分正常人对别人的评价的依赖只占一小部分，但是对于有这种倾向的人而言，别人的评价是他们的全部。

还有其他的因素会造成这种情形，比如打击自尊心，父母总说他们是坏孩子，父母对兄弟姐妹的偏袒。孩子会自主采取一些方式对抗这种压抑的处境，比如表面上遵守规矩内心却在逃避；强迫自己顺从和依赖他人；自我膨胀（自恋倾向）。具体会采取哪种方式对抗环境主要取决于当时的情形。

这样的情形还会使他们产生自大的倾向。某些痛苦在人们把自己幻想成人中龙凤的时候就变得微乎其微。他们会有意识地认为自己是一个王子、天才、探险家、将军、国王等，同时无意识地降低真实自我的存在感。他们越是远离他人，疏远自己，就越会加强这种意念，甚至取代真实的自我。他们不会像精神病人一样完全脱离现实世界，而是会把现实当成一种短暂的过渡。他们用自我意念取代了伤痕累累的自尊，把幻想中的自己当成“真实的自己”。

孩子们创造了一个童话世界，在童话世界里他们是主人，是英雄，并以此抚慰失去宠爱的创伤。他们觉得是因为自己太优秀才会遭到浅薄的人的拒绝、轻视和嫌弃。这些幻想真的能将他们从痛苦和煎熬当中拯救出来吗？那只不过是可怜的他们给自己的一种补偿性的满足感。

最后，自我膨胀的人还会表现出想要和别人交好的愿望，如果别人不喜欢、不尊重自己，至少也另眼相看、关注自己。他们想当然地把别人的另眼相看当成爱。如果得不到，就证明他们没有价值。他们不能接受别人对他们做出低于自己预期的评价，更不要说批评了，当然，他们也不会意识到别人的批评也是爱的表现。对于他们而言，不崇拜就是不爱，批评就是敌视。他们衡量别人的标准是，这个人是否赞美和奉承他们。只要是钦佩他们的人都是好人，有智慧的人，他们就会喜欢。如果别人不钦佩他们，就不是好人，他们也不会理睬。他们的满足感和安全感来自别人的钦佩，只有这样才能让他们觉得自己是强大的，世界是友好的。可是建立在这种基础上的安全感根本就不牢固，而且一旦塌陷就会让他们陷入巨大的恐慌中，就连钦佩他们的人也会跟着遭殃。

靠虚荣支撑的自负

完美是人类不懈追求和前进的动力，但作为一个个体，花很多时间和精力去追求完美，在某种程度上其实是种冒险。因为不管他们怎么追求完美，依然无法得到自己渴望的尊严和自信。他们把自己幻想成神灵，可现实是残酷的，他们不能对任何事情都充满信心，也无法总是开心快乐地生活。职位的晋升或名望的提升会让他们感到自豪，但这并不会增加他们内心的安全感。在他们的内心还是认为自己不重要，别人不需要自己，这种人非常容易受到伤害，所以为了证明自己存在的价值，他们会做出更多的努力。在他们看来，掌控了权力就能得到人们的敬畏和称赞，也就获得了影响力。此时，他们就能变得更加坚强，并感受到生命的意义。但当他们独处或遇到困难的时候，这种权力带来的兴奋感就会消失，从而变得紧张和失落。此外，进入陌生的环境，陷入孤立无援的感觉，也会让人变得紧张不安。

一个人是否有能力在这个世界上生存下去，与他赚钱的能力和积累的财富有着密切联系；一个人有没有自信，与他身上是否存在优点有着密切联系。但并不是所有人都了解这些，当然，人们也有可能过于紧张而忽略了这些联系。只有在金钱等实质性条件得到满足的情况下，人们才会有安全感。比如渔夫出海捕鱼的时候，要拥有先进的渔网、功能齐全的捕捞船，了解海面上的天气情况，保证自己的身体健康且熟悉水性等，这些都是实质性的条件，只有当这些条件得到满足，渔夫才能对捕鱼行动充满信心。

每个人的生活环境不同，文化背景不同，优势也各不相同。接受良好教育的人自主性强、性情坦率，并且能够意识到自己的不足之处。他们能真实地评价自己的资产和负债等情况，依靠自身拥有的条件而不是外界帮助承担自己的责任，拥有建立和维护良好人际关系的能力。一个人完全具备了以上条件，就会拥有稳固的自信，能自信地表达真实的想法。

正常的骄傲是有现实基础的，比如，取得了非凡的成就；比如，出色地完成了一项工作；再比如拥有良好的品德。这些都是值得骄傲的，是一种对卓越的追求。正常的骄傲让人更加平和，给人一种高尚感，也是对自身价值更准确的认识。这也是正常的骄傲与自负的骄傲的区别。自负的骄傲是正常的骄傲极端化的表现。造成这种极端化的骄傲的原因往往是虚幻的，比如身份、地位这样外在的因素，但真正决定一个人价值的是内在因素，包括其独一无二的能力或品质。

在造成自负的骄傲的因素中，只有对“名望价值”的肯定与正常的自负最接近。比如，出身名门望族，加入了有名望的政治或专业团体，与某个著名人物有过一面之缘，女朋友长得非常漂亮且很有气质，具有灵活处理事务的能力，或有一辆高级轿车，等等。在一般人的认识中，能够具备以上这些条件就是值得骄傲的。

这种自负非常常见，很多人都会因为这些事而感到骄傲。只不过在大部分人的眼中，拥有这些条件虽值得骄傲，却并不是人生的全部。但对于过度骄傲与自负的人而言，这些条件是他们最重要的资本，除此之外，他们没有什么值得炫耀的。他们这种对这些东西的执拗近乎病态，以至于限制了他们的行为，影响了他们的生活，奴役了他们的精神。他们认为加入一个重要的机构或有名望的团体是非常有必要的，因为他们为能够加入这种能够增加名声的组织感到开心，这种开心是发自内心的。加入某个团体是提高身价的方式，如果这个团体遭遇挫折或名声受损，他们的自负也会受到损害。比如，如果他们出身于一个高贵的家族，但家族中出现了一个智力不足或没出息的人，他们就会备受打击，觉得那是自己身上的污点。再比如，很多女人如果没有男伴相陪，就不会去看电影或外出吃饭。当然，我们无法通过外表发现一个人的自负是否受到了打击，因为人们一般会极力掩饰。

有些人的表现与原始人非常接近。比如，原始人也会因为自己属于某个团体而感到骄傲。这种骄傲来源于原始人把团体的荣誉当成自己的荣誉，这种感觉并不是因为自己有多么了不起。虽然现代人与原始人产生自负的过程很相似，但其实两者还是存在很大的差异。现代人只是利用团体来增加自己的名望，他们并没有归属感，也没有将自己当成团体的成员，所以与团体基本没什么内在联系。

对某些人而言，身份地位可能是其一生的追求，他们全部的情感都会随着名望的上下起伏而波动。生活中追名逐利的事情太普遍了，人们没有意识到这是一个心理问题，也就没有人想到对这种现象进行对比分析。但过度地追求是一种不健康的心理，很可能毁掉一个人。沉浸在追求名望的幻想当中，人格的整体性就会遭到破坏。这种问题会在非常自负又疏远自我的人身上发生。

越自负，越易怒

一个人为什么会产生自负倾向？可能是认为自己拥有某种特权，可以随心所欲地提出要求。这样的人为自己建造了一个坚固的、无法摧毁的理想世界，并为此感到骄傲。还有些人自负，认为自己是上帝的宠儿，或者认为好运总是眷顾自己。事实上，很多事情都可以让自负的人感到骄傲，比如，去瘟疫流行的地方，自己却没有被传染；在赌场上运气很好，大赚一笔；出门办事或者游玩总能遇到晴朗的天气；可以享受免费的医疗服务；等等。这些事情都会让他们产生优越感，认为自己是与众不同的。

自负的人往往也认为，自己理所当然地可以享受某些特殊的权益，比如，自己如果遇到困难，别人应主动提供帮助；不必勤奋努力，就可以坐享其成；如果自己有需要，身边人都有义务将钱财奉上。

这种自负依赖的基础非常薄弱，就像窗户纸一捅就破。很多事情都能打击这种自负，比如，认为别人应该听从他们的调遣，可是却有人不愿服从，或是做决定之前没有向他们请示；再比如，以宽容大度标榜自己，可是如果有人指出他们的缺点，他们就觉得那是不给自己面子。自负的人有着一颗易碎的玻璃心，很容易受伤。他们身体上没有任何病痛，但在心理上，总觉得自己受到了伤害。而当那颗脆弱的心受到伤害时，就会产生愤怒的情绪，这是他们应对伤害的主要方式之一。

自负和愤怒之间的关系是显而易见的。通常非常小的事情都能让自负的人产生愤怒的情绪，比如受到老板的批评——不管批评有没有道理；再比如，被同事恶搞了一下——也许同事只是开玩笑，并无恶意。我们要知道，他们之所以生气，是因为这些事伤害了他们的自负，使他们感到羞耻。他们也能感受到自己的反应十分激烈，可这不是自己的错，都怪那些激怒他们的人，那些人太愚蠢、太没分寸。在他们眼里，自己的反应并不过火，很正常。

不过，自负的人会发怒并非都因为自负受到了伤害，有些“敌意”其实是没有来由的。但是显然，人们是意识不到这一点的，更加没有意识到这样的发现很重要。如果要判断这个人的敌意是不是源于自负受到了伤害，就要注意一下，他在事件发生过程中的反应，在他的敌意中是否表现出了诋毁、蔑视或羞辱他人的倾向。产生这样的倾向后，他最直接的做法就是，受到羞辱——很有可能只是他自己的感觉——就要以牙还牙，用羞辱对方的方式报复。他自己根本不关心为什么会产生这样的敌意。处于这种状态的人是需要帮助的，让他看清自己敌意的本质，同时还要向他做出合理的解释。不过，如果开导他时，用一些无关痛痒的事做开场白，很可能反而让他产生羞辱对方的想法。因为他可能认为，你要分析这件事本身就是对他的羞辱。所以，不妨在一开始就告诉他，我是在帮你解决你的问题。

自负受到伤害会导致人们产生攻击性行为，这样的行为是源于要平衡自己那种受到伤害的感觉。我们可能会遇到这样的情况，为亲近的人分析他们的心理、开导他们，可是他们依然故我，根本不去改变自己，还是像以前那样令人讨厌，甚至认为我们并不是在帮助他们。我们也不必感到烦恼，只要明白，他们之所以会产生这样的反应，是因为自负受到了伤害。然后我们可以在维护他们自尊的前提下，和他们谈谈此事，提供些实际的帮助。他们的自负受到了伤害，所以才会这样痛苦，所以我们不必因为他们的态度感到伤心和愤怒。

当自负遭到其他人的侵犯后，就会产生怨恨、鄙夷、敌视等情绪。不过，很多人都会把这些情绪隐藏起来，不让其他人发现。因为人们产生愤怒的情绪时，往往还会责备自己，并会对自己产生报复性的怨恨。

其实自负的人在遭到“羞辱”后，内心还会感觉到恐惧。因为别人对自己的不尊重或不礼貌，有些人会出现冒汗、颤抖等反应，这些反应实际上是恐惧和气愤混在一起造成的。害怕别人伤害自己是产生这种恐惧的部分原因。

恐惧和气愤作为自负倾向的次生反应，是了解认识自负最好的切入点。因为这两种情绪最直接，假如自负倾向不是以这两种情绪反映出来，就会受到压抑，以扭曲变形的方式反映出来。发生转变的不只有恐惧和气愤，还包括其他的情感，这些情感最终的发展方向就是不剧烈或不完全。如果人们把这种恐惧和气愤的反应压下去，就会产生一些情绪上的反复，因此产生抑郁、酗酒、心理变态、身心失调等问题。这样一来，想要搞清楚这种心理倾向就会更困难。

自负会给人们的生活与交际带来非常不利的影响。自负的人很容易受到别人的攻击。于是他们总是处于神经紧绷的状态，但这种紧张出现的强度和频率是他们无法忍受的。如果自负受到威胁，他们就想办法解救，使自负免于受伤；如果自负已经受到伤害，就对自负进行修复，使它重新建立起来。

重新建立自负的原因是人们迫切需要保住面子。保全面子的方法也不少，有的精致，有的粗俗。而我们只讨论最常见也是最重要的方法。这种方法的效果最明显，它与人们感受到的羞辱和想要报复的冲动有着密切联系。人们在自负受到损害的时候会感到痛苦，因此人们想出了一种应对方法，这种方法的表现就是产生“敌意反应”——报复。站在人们极力辩解的角度来看，报复有可能是一种信念，也有可能是一种工具。人们的自负受到威胁，他们会用同样的态度威胁他人，这样就可以把自负重新建立起来。有些人具有某种优势，气势在旁人之上，他们以己之长攻彼之短，侵害别人的自负。这种情况下，自负的人是很容易有被打败的感觉的，为了扭转形势，他们应该加倍地报复和伤害那些人。在他们看来，这样就可以打败对方，赢得最后的胜利。其实，自负的人并不是真的想要让对方痛苦的方式来“复仇”，他们只是想战胜对方，获得一种自己很强大的感觉。这是一种幻想的强大，它存在自负之中，如果无法取得胜利，就无法重建这种强大。他们把自负当成力量，其实，他们只知道这一种力量。

脆弱到底——受虐狂性格

有受虐狂倾向的人，一方面依赖他人，另一方面又痛恨自己的依赖心理，并因此对被依赖对象产生抵抗及敌意。焦虑会随着敌意的增强而产生，而焦虑越多，依赖感也就越强。这是种恶性循环，极难摆脱。所以，受虐狂倾向的特定人际关系冲突，就是依赖和敌视。

“我不行”，所以要依赖他人

人们获取安全感的方式之一是受虐，只不过这种方式比较特殊。受虐倾向包含两大方面：第一，倾向于自我贬低。通常情况下，人们不会意识到自己存在这种倾向，只能意识到这种倾向带来的后果。他们感觉自己没有任何价值，也不能引起别人的注意，在很多事情上反应迟钝。这是一种“自我萎缩”的倾向，与“自我膨胀”的自恋倾向相反。比如，有自恋倾向的人喜欢向别人炫耀和展示自己的优点；有受虐狂倾向的人则喜欢向别人展现自己的不足。此外，还有一种完美主义倾向，与前面提到的这两种倾向存在很大不同。比如，有自恋倾向的人认为任何工作到了他们手里，都会变得非常容易；有完美主义倾向的人认为他们能处理好交给他们的所有工作；有受虐狂倾向的人认为他们不能处理好别人交给他们的事，面对这些事情，他们感到无助又不安，总觉得自己做不好。有自恋倾向的人渴望得到大家的关注；有完美主义倾向的人认为自己的判断比别人高明；有受虐狂倾向的人则躲在小角落里，生怕引起别人的注意。

第二，过分依赖他人，已经成为病态。这种倾向是从自我贬低中衍生出来的，他们认为自己不行，所以什么事都依靠他人解决。受虐狂倾向对他人的依赖与自恋倾向和完美主义倾向有本质上的差别。有自恋倾向的人需要别人的关注和嫉妒，所以对他人产生依赖。有完美主义倾向的人让自己符合别人的期望，以此获得安全感。他们看似很享受独处的时光，但其实内心非常依赖他人，只是他们不愿意承认这点，也不愿意知道自己对他人的依赖程度，如果有人揭穿了真相，他们就会感觉自尊受到了伤害，变得很没有安全感。实际上，拥有这两种倾向的人根本就没必要依赖别人。对于有受虐狂倾向的人而言，依赖是他们生存的必需品。如果他们得不到别人的关爱和友谊，就像失去空气那样无法生存。

有受虐倾向的人依赖的不只是父母、兄弟、姐妹、配偶、情人、朋友等个人，还有可能是一个小团体，比如家庭或宗教组织。这种对旁人的依赖、对情感的强烈需求形成了一种对待别人和对待自己的基本态度。过度希望得到别人的尊重和渴望自己完美的需求，会影响人们与他人的关系，但影响最大的其实是这个人与自己的关系。

有受虐狂倾向的人不相信自己能独立处理好事情，所以寄希望于从依赖的对象那里得到爱情、名望、成功、关心、爱护等所有东西。他们没有意识到依赖别人与谦虚是两回事，认为自己对他人的依赖是理所应当的。在他们眼中，情感、爱好都不足以使自己获得满足。对自己的人生，他们也是十分消极，认为一切都是命中注定的，自己没有办法摆脱命运的枷锁，只能接受命运的摆布。

有可以依靠的朋友和亲人，是一件值得高兴的事。这也是有受虐狂倾向的人从依赖关系中寻找安慰的基础。

但在有受虐狂倾向的人心中，这个世界是危险、残酷和充满仇恨的。他们生存在这样一个充满敌意的世界里，内心充满恐惧，但又无处可逃，肯定会感觉危机四伏、惊慌失措。于是他们极力争取让别人可怜他们，只要有人回应，就像树袋熊一样赖在别人身上。这样的做法虽然失去了自己的个性，却能从中获得某种满足。这种寻求安慰的方式就像一个面临危险的弱小国家，通过屈服于强大的侵略者来寻求保护。两者之间唯一的不同在于，弱小的国家知道自己这样做不是因为喜欢那个大国，而有受虐狂倾向的人认为自己的做法是忠诚、奉献、热爱的表现。事实上，他们没有爱他人的能力，也不相信别人会爱他们。他们一直处于被抛弃的恐惧中，这种感觉就像待在一面随时会坍塌的墙下面。如果伙伴表现得很友好，他们就会感到欣慰。可是当伙伴把注意力转移到其他人或工作上时，他们得到关怀的需求就无法得到满足，会产生被抛弃的感觉，变得忧心忡忡。

当然，依赖并不是只会产生坏的影响。比如，有一个生活在维多利亚时期的女孩，她是在众人的呵护下长大的，明显对他人的依赖感很强。但她所依赖的都是善良友好的人，她自己也形成了良好的品德。在面对这个包容、友善、给予她保护的世界时，她总是持有依赖和接纳的态度。在这样的状态下，她既不会感到痛苦，也不会激化矛盾。但寄托在他人身上的期望能不能实现，要取决于被依赖的那个人，也就是说被依赖的对象不一定能满足她的期望，但是她不愿承认这个现实。可见依赖关系有很大的局限性。

自我贬抑与“谦逊安全”

一个人如果在童年时期感受到的不是快乐，而是痛苦的压抑和敌意，孤独和无助的感觉就会深深植入他的心里，影响他的一生。孩子时期对外在世界潜在的危险充满恐惧，渐渐就形成了种种心理倾向，比如受虐狂倾向、自恋倾向、完美主义倾向，以此来缓解自己的紧张，获取某种安全感。这些心理倾向可以让他短时性获得安全感——虽然这种安全感很脆弱。可见那些只是孩子们尝试走出充满危险世界的一种办法，不是他们的本能反应。因此，焦躁忧虑，既不是真实的自我对本能被压制表现出来的恐惧，也不是幻想中的超我对自我惩罚表现出来的沮丧，而是特定的安保系统不能正常进行保护工作产生的焦虑。

造成受虐狂倾向、自恋倾向和完美主义倾向的环境大致相同，这是这些倾向的共通之处。一个人幼年时期的生活环境中存在各种负面因素，其主动性、判断力和思想感情受到压抑和扭曲，于是他心里就形成了世界是充满敌意的认识。在如此艰险的世界中生活，他需要找到一种方法维持内心的平衡，让他感到安全。但是因为他的思想和判断力都遭到了压抑，因此维持的往往是虚假的平衡，安全感也很脆弱，于是就形成了神经症的心理倾向。自大自负、盲目地顺从别人等都是神经症的心理倾向，其中受虐狂倾向更加严重。对于个人来说，通过神经症倾向获得的安全感都是真实的。比如，完美主义倾向的人虽然并没有真的适应他们所处的环境，但这种倾向的确帮助他们减少了与别人的冲突，并产生了一种坚强、独立的错觉。

那么受虐狂倾向是如何让人感到安全的呢？受虐狂是通过自我贬低来获得安全感的，我们不妨把这种安全感称为“谦虚安全”。这里需要强调一下，通过贬低自己、降低自己的关注度确实可以获得安全感，这跟通过给他人留下好印象获得安全感一样。但用这种方式获得安全感的人，就像害怕被猫吃掉的老鼠一样，躲在洞里不敢出来。结果，生活中的他们变得像个偷渡者，知道自己没有任何权利，所以害怕引起别人的注意。

这种生活态度源于他们贬低自己的“谦虚”，所以导致他们不敢表达自己的真实情感。他们强制自己贬损自己，认为自己没有独立自主的能力，因此一旦没有人管控了，就会变得焦躁不安。比如，这类人升职之后，反而会变得更加小心翼翼。他们认为自己没有多少能力，在讨论会上公开自己主张的时候，会感到手足无措，即使在某个项目中做出重大贡献，在谈论贡献的时候也显得满怀愧疚。这类人在童年或少年时期，担心自己成为众人关注的焦点，或担心自己比朋友好看，所以从来不打扮自己，也不穿漂亮的衣服。他们不希望有人因为自己受到伤害，也不敢想象会有人喜欢和欣赏他们。他们坚持认为自己毫无用处，即使事实并不是这样。在出色完成任务之后，本应该受到奖励，但他们在得到奖励的时候却感到尴尬和不安。相反，他们很愿意贬低自己的价值，并通过剥夺自己的成就获取满足感。在工作中，这种形式的焦虑也占有一定的比重。例如，某些创造性的工作会让他们感到痛苦，因为这种工作需要有自己的主见并坚持自己的观点和情感，他们根本不可能完成这样的工作。除非有人在工作的时候，站在他们身边不断地鼓励他们。

因此，习惯贬低自我的人无法在工作中取得成功，也不能感受到工作带来的快乐。由于他们不断地向后退，所以完全把握不住机会，甚至感觉不到机会的存在。他们找各种借口，只抓住那些自认为能够胜任的底层职业。他们认为自己没有资格提出要求，尽管他们有这样的权利。他们躲避自己喜欢的人，拒绝想要帮助他们的人。即使克服了所有困难，取得了最终的胜利，他们也不认为这是成功。他们会在思想上贬低自己的价值，不管是想出一个新的主意，还是出色地完成一项工作。虽然他们喜欢林肯车，也有足够的钱支付这笔费用，但最终还是会选择福特。

通常情况下，神经症患者不会意识到自己有贬低自己的谦虚的倾向，只能感觉到这种倾向带来的结果。他们可能有意识地采取防范措施，知道自己讨厌被别人关注，知道自己对成功表现得很冷漠，知道自己有强烈的自卑感，也会感叹自己软弱渺小、没有吸引力，但这些不是他们逃避自我的原因，而是结果。

我们也许没有意识到，这些代表着软弱、孤独的态度在现实生活中很常见。出现这些态度的原因与病态心理学有着某种联系。

依赖与隐藏的敌意

受虐狂倾向的真相之一是，它能麻痹人们的焦虑情绪，是一种用来对抗生活中出现的各种危险和困境的特殊策略。但这种特殊策略本身也经常发生冲突。与因为环境和文化造成的孤独感和依赖感不同，内心越是脆弱的人越会因为自己的软弱轻视自己。前文提到过一个维多利亚时期的女孩，她虽然习惯依赖他人，但是这种依赖不会让她失去幸福感和自信心。在理想的女性品质中，本就包含着某种柔弱的依赖感。然而并不是所有有受虐狂倾向的人都能如她一般幸运，在充满善意的环境中生活。相反，大部分人之所以形成受虐倾向，恰是因为生活的环境十分严酷，这些人肯定不会推崇这种柔弱。他们不希望自己是孤独的，虽然通过这样的方式可以让他们实现自己的愿望。事实上，他们只是想通过这种方式获得安全感。不过，这样的做法会使人变得软弱，这就违背了他们的初衷。在一个充满敌意的世界里，软弱意味着危险。他们会因为软弱带来的危险和别人对软弱的反感，而鄙视自己。

所以，他们会一直处在愤怒的情绪当中，他们不知道怎么发泄这种情绪。引发这种情绪的原因数不胜数，但心态健康的人很少能记住是什么。一是心态平和的人不去关注这些，二是因为这些引发愤怒的偶然因素不容易被察觉。但有受虐狂倾向的人喜欢深究引发自己愤怒的原因，并记得很清楚。例如，在表达自己的观点的时候，表现得不够坚定；在有机会表达自己的愿望的时候，没有勇气说出来；在对某种东西产生抗拒的时候，说服自己接受；在应该坚持强硬态度的时候，向别人道歉；没有及时发现人们奸诈狡猾的一面、借口生病逃避困难、错失良好的机会等。因为内心的软弱，他们不断受到挫折，因此变得越来越愤怒，甚至到了不能忍受的地步。

这是心灵世界的一场灾难，这场灾难造成的后果就是人们开始“意淫”。有受虐狂倾向的人幻想当面说出对老板或妻子的看法；幻想自己成为创造历史的人，拥有过人的天赋和才华；幻想自己是一个伟大的发明家或作家……这样的幻想确实能够起到一些安慰的作用，但这只会增加人们的落差感。

有受虐狂倾向的人一方面沉溺于依赖关系中，另一方面对被依赖的对象其实是充满敌意的。他们产生敌意的主要原因有三个：

第一，他们对被依赖对象的期望很高。他们知道自身缺乏活力、勇气和主动性，当他们想要得到关怀、帮助、规避风险的时候，就会向伙伴发出暗示。他们不知道或不愿承认，他们想寄居在被依赖对象的羽翼下生活。可是这种期望根本不可能实现，因为他们依赖的对象是有独立意识的人。因为这种期望得不到满足，他们会生很长时间的闷气，表现得像小孩一样天真、可怜，不直接把这种情绪表现出来。其实这算不上生气，只能说他们不甘心自己的期望没有得到满足。本来这体现的是他们的不体谅和自私，他们却认为是伙伴的玩弄、抛弃、侮辱。最后把这种没有正当理由的生气，变成了对他人的愤慨。

第二，有受虐狂倾向的人奉行“无所谓”的原则，这样的做法是出于安全的考虑。对别人的忽视或不恭敬，他们表现得非常敏感，以极其愤怒的态度对待别人，但他们不会表现出来。即使别人真诚友好地对待他们，他们也不理会。如果一个人认为自己是无关紧要的，他会认为别人也有这样的想法。他会在对待别人的尖刻态度中逐渐加剧依赖他人和憎恨他人的冲突。

第三，这种敌意隐藏得极深。有受虐狂倾向的人特别在意自己与被依赖对象的距离，他们不能容忍伙伴的疏远，特别是分离的时候。他们已经意识到不得不接受伙伴提出的任何要求，就像自己成了奴隶，对方成了主人那样。其实，他们非常痛恨自己的依赖心理，并为此感到耻辱，无论伙伴表现得多么体贴，他们都会产生抵抗心理。他们觉得伙伴就是蜘蛛网上的蜘蛛，自己则是落在蜘蛛网上的苍蝇，等待着蜘蛛的审判。这种情形经常出现在婚姻中，丈夫和妻子总是互相抱怨自己无法忍受对方的支配。

人们偶尔也能把这部分敌意发泄出来，但有受虐狂倾向的人对依赖对象的敌意是一种永久的危险。这种危险的处境让人难以脱身，因为他们既需要依赖伙伴，又会对伙伴产生恐惧感和距离感。

焦虑会随着敌意的增强而产生，而焦虑越多，依赖感也就越强。这种恶性循环会让他们感到痛苦却又难以割舍。所以有受虐狂倾向的人的特定人际关系冲突，就是依赖和敌视。

张狂的脆弱——强求怜悯

生活中，基本的受虐狂倾向非常常见。受虐狂程度的深浅，决定了一个人追求理想、发泄敌意、逃避困难的方式，还决定了对不正常心理欲求的处理方式，比如渴望掌控他人的欲求或追求外表完美的欲求。在两性关系中，这些基本的受虐狂倾向还能决定这个人的性生活是否能得到满足。

有受虐狂倾向的人直接表达愿望的程度和需要的条件与心态健康的人不同，但有时候他们是能够直接表达出心中所想的。但当无法列举出满足其需求的条件时，他们会通过某种特殊的方式表达，具体选择用哪种表达方式，取决于这种方式能否深刻地影响对方。比如，一个保险推销员在向客户推销保险的时候，只顾着说自己需要业绩，却从来不谈保险本身的价值；一个高水准的音乐家求职的时候，只强调自己需要赚钱，却从来不谈论自己的专业水平。有受虐狂倾向的人表达愿望的特定方式就像在绝望地呼救："我都已经这么可怜了，你就不能帮帮我吗？""如果你不帮我，我就真的完蛋了。""你一定要帮助我，看在我这么可怜的份儿上，在这个世界上我只能依靠你了。""我做不了这件事，求你帮我做吧。""就是因为你，我才会变得这么痛苦，你必须为我负责。"这些说辞无形中将责任全部推给沟通对象。他们会下意识地夸大痛苦和需求，如果与他们沟通的对象比较清醒，就会发现他们的这种做法是为了表达自己的某种需求。这的确是一种正确的见解，有受虐狂倾向的人表达需要的某种特定的方式就是扮作痛苦、无助、可怜的姿态。

人们为什么总是采取这种策略呢？毕竟这种策略只在某些时候有用，而这种作用也是暂时性的。因为长此以往，他们身边的人就会厌倦这种乞求，对假装的可怜感到麻木，不再对他们产生怜悯。即便是用自杀这种激烈的方式来威胁身边的人，或许也只能在开始的时候达到目的，总有一天，这种方式是会失效的，所以我们不能简单地把他们的态度当成一种策略。首先要明白，在有受虐狂倾向的人看来，自己处在一个冰冷无情的世界里，这个世界里的人都在假装善良，这里没有不求回报的帮助，只有给别人施加压力才能得到自己想要的东西。但他们又认为自己没有权利争取任何东西，所以要给自己所有的需求找一个“正当”的理由。而孤独、无助就是他们的筹码或者说是那个“正当”的理由。他们让自己陷入痛苦和无助的泥潭中，认为这样的自己有权利要求别人的救援，以给其他人施加压力。到底是采用平和的方式还是采取激烈冲突的方式求助，取决于诸多因素。但“受虐狂的呼救方式”没有太多的变化。

人们如何表达对他人的敌意取决于他们的性格。比如追求完美的人伤害和刺痛别人的方式，大多是智力上的优越感和从来不会犯错的态度。有受虐狂倾向的人表达敌意的特定方式是，在幻想中放大自己受到的伤害和痛苦，他们恨不得在伤害自己的人的门槛上自杀。他们幻想用残忍的手段来发泄敌意，比如做梦的时候，梦见伤害他们的人被侮辱。

有受虐狂倾向的人表现出来的敌意既有防御的特性，又有施虐狂的特性。施虐狂倾向是指人们用手中的特权来折磨他人，使他人感到无助，他们用这样的方式获得满足感。人们不断压抑自己的仇恨和软弱，于是就形成了施虐狂倾向。这就像一个渴望复仇的奴隶幻想看到别人在他的鞭打下浑身颤抖的样子。当某人有上述类似的表现时，基本上就可以判断他有施虐狂倾向了。如果一个有受虐狂倾向的人同时又有以上的心理结构，他的基本表现就是各种各样的原因都能使其变得十分软弱，并由此产生羞辱和压迫的感觉，于是心里产生了怨恨，希望通过报复别人来发泄自己的情绪。

受虐狂倾向也可以与权力欲和控制欲结合起来。他们控制他人的方式，就是借助自己的苦难和无助。为了避免激发他们内心的绝望、孤独、沮丧、功能性紊乱等负面影响，他们身边的亲友不得不满足他们的需求。但其实亲友们也能意识到，这只是患者为达到目的使用的手段。

“借口”必不可少

有受虐狂倾向的人，往往会强制自己遇事退缩，或依赖他人。这种退缩和依赖附带了很多东西，所以他们往往会放大事实，把小山包当成高大的山峰，尤其当涉及自己的意愿或需要承担某种责任、面临某种危险的时候。有些人提到努力就退缩，其实他们只是不想付出而已，一旦要承担稍大一点的责任，他们就会被无力感包围。有受虐性格的人面对困难时最典型的反应就是说“我不行”，这种反应是源于他内心的恐惧，害怕自己再出现差错，遭受责备。

找各种借口拖延时间是有受虐狂倾向的人逃避困难的典型方式，生病则是最常用的借口。面临考试、向领导汇报时，他们就会满心焦虑，可能真的会因此生病，或者至少是希望出点什么事故。遇到必须做但又不想做的事情，比如就医、确定的工作日程，他们总是能拖就拖，好像这样就能让病痛或等待的工作消失了一样。如果家庭出现危机，他们只会消极地等待，盼着问题自己消失，而不是主动思考目前的处境，静下心来寻找解决问题的办法。这样的结果往往是，不但危机没有解除，自己还陷入了巨大的惶恐不安之中。因为这种遇到困难只会逃避的态度，他们不可能体会到战胜困难的成就感和力量感，因此只会加深他们的软弱感。

基于受虐狂倾向的基本心理结构，讨论受虐狂倾向的同时必须结合自恋倾向。通常这两种倾向都在幻想中进行，人们在幻想的过程中需要耗费大量的时间和精力。

当有神经症倾向的人意识到自己幻想中的伟大成就在现实中无法获得时，会觉得这是一种耻辱，于是他们就陷入了一种两难的境地，既无法从幻想中走出来，也没有办法达到幻想中的成就。抱负鼓舞他们取得成就，谦虚又让他们惧怕成功。拥有这种倾向的受虐狂，应对两难境地的时候会采取一种折中的方式，给自己的失败找借口，认为是其他的人、环境、疾病、缺陷等阻碍他们不能取得成功。比如，一个女人在做创造性工作失败的时候，把原因归咎到性别上，或者认为是日常事务太繁重；一个女孩的理想是做电影明星，但又不敢演戏，于是说不敢登台的原因是自己的身材矮小；一个在演艺事业上没有取得成功的女人，说自己不成功是因为遭到了其他人的排挤和嫉妒；还有人说自己的家庭背景不好，或亲戚朋友没有给她鼓励和帮助才没有获得成功。

他们甚至希望自己真的身患某种慢性疾病，不过他们没有意识到自己那么希望自己生病。一旦身体上出现一点不正常的症状，他们就开始大肆幻想，比如听到心跳的声音就能联想到心脏病，多去几趟厕所就想到糖尿病，感觉肚子疼就认为得了阑尾炎。这种态度是疑病症恐惧的表现，当他们内心感到恐惧的时候，第一个想法就是期望自己生病。他们会把病症与自己的身体上的症状联系起来，且尽量合理化这种联系。因为生病可以带来所谓的好处，所以他们很难相信自己没有得病。每个医生都遇到过这样的患者，身体明明没有问题，却坚称自己患了某种疾病，还气愤别人不相信他们病了。但这种表现只是疑病症恰好在这种类型的人身上起了作用，并不是疑病症恐惧的全部内容。

同样，他们也会以神经症为借口逃避责任。而且他们不希望得到诊治，因为这样就找不到更好的借口逃避在工作中出现的失误，只能暴露他们真实的工作能力。他们害怕别人考察的原因有几种：第一，他们有看不起自己的倾向，不相信自己能做成某件事；第二，他们觉得为了成功而努力奋斗是在自找麻烦；第三，不管是手头的工作还是未来的成功，对于他们而言都没有任何吸引力。他们更愿用一种更轻松的方式——幻想来实现更有吸引力的目标，而不愿意累死累活去做被别人关注、枯燥乏味的工作。他们把自己的伟大理想留在幻想中，神经症就成了最好的借口。

扭曲的平衡

有受虐狂倾向的人安慰自己的方式是体验受苦，这样可以让他们得到精神上的平衡。其实这种方式普遍存在于世界各种文化之中，不过程度有深有浅。许多宗教流传着用牺牲赎罪的方式。基督教的教义奉行承担痛苦以免除自己的罪责，过去刑法惩治罪犯的方式也是以牙还牙的方式，不过近代已经用教育取代了这种方式。这种方式与受虐狂倾向思维模式十分相似，有受虐狂倾向的人也采取这种方式来安慰自己。为了惩罚自己，他们甘愿忍受痛苦；为了鞭策自己，他们不断地谴责自己。实际上，这种方式没有任何效果，他们的愧疚并不是出自内心，而是想要重建自己完美的形象，为了满足强制自己完美的需求。

为什么承担痛苦能给有受虐狂倾向的人带来满足感呢？一个很重要的原因是，产生满足感的途径几乎都和受虐狂倾向有关。

有受虐狂倾向的人避免参加有创造性、按照自己想法做事的活动，因为这会让他们得不到满足感，产生焦虑的情绪。能够使他们的满足感消失的工作，除了创造型、领导型以外，还有需要人们独立完成或规划目标，并付诸实践的事。另外，他们有强制性的谦虚倾向，所以不会因为自己的成功或受到别人的认可产生满足感。有受虐狂倾向的人也不会自愿为某项事业努力拼搏，他们有很严重的顾虑和疑心，做什么事都以自我为中心，但对伙伴又有很强的依赖感，无法坚持自己的想法。所以让他们完全自愿地投入某件事，或把自己交给某个人，是不太现实的。

不能主动地、积极地爱别人，又不肯接受这种现实。这种冲突必然会伤害他们的感情生活。为了满足某些需求，他们不得不依赖某些人，但是在兴趣、需求和规划方面又不能与其他人走到一起，所以没办法自发地生出感情。他们对别人的爱比不上对实现抱负的渴望，因此原本能在爱情和性生活中获得的满足感也被扭曲了。

同时，他们本来可以获得的满足感也被削减了。如此想要获得满足感只能顺着获得安全感的道路寻找，而这些道路都具有依赖和自我贬低的特征。不过，只有这些态度趋于极端化时，他们才能获得满足感。这个问题是只靠依赖和谦虚无法解决的。比如，在两性关系中，受虐狂不但在性欲幻想或变态性行为中绝对地顺从，而且在被强迫、蹂躏、羞辱时，沉浸在自己的世界里，十分享受。他们也会在极端的自我贬低中感到满足，比如沉浸在自我鄙夷中，忘记自己的身份、丧失自己的尊严，在爱情和牺牲中迷失自我。

为什么有人只有通过极端的方式才能获得满足感呢？这和依赖感很相似，虽然对于有受虐狂倾向的人来说，依赖别人是必需品，但依赖感也给他们带来了更多的冲突和痛苦，

而不是足够的满足感。在这里我要说明一点，他们和普通人一样并不喜欢这种感觉，只不过认为这些都是必须发生的。不过，有受虐狂倾向的人与被依赖对象之间的关系并不和谐，前文我们已经讨论过原因，这里简单重复一下。首先，有明显受虐狂倾向的人其实并不喜欢自己对他人的依赖。其次，他们对被依赖对象的要求高得不切实际，结果肯定会感到失望，并因此产生怨恨。最后，他们总会觉得别人待自己不公。

要想在依赖关系中获得满足感，就必须让冲突消失，并让自己不再产生痛苦的感觉。依赖他人带来的冲突，包括软弱与强大、自主与退缩、自我贬低与骄傲自大。有受虐狂倾向的人缓解精神上的痛苦，消除冲突的方法有几种：通过反常的行为和幻

想，抛弃所有的尊严，失去自我，做一个依附他人的弱者；加剧并彻底沉溺于痛苦之中。

当一个人沉浸在新的痛苦中无法自拔的时候，那些原本忍无可忍的痛苦，就显得没那么痛苦了，并且还能转化为一种享受。现实中时常会出现这种现象。某个有受虐狂倾向的人很擅长自我观察，他说，被人鄙视、指责，遭遇挫折，让他感到很痛苦，但他没有采取任何方式缓解痛苦，并心甘情愿地沉浸其中。他不愿意走出这种情感，即使他知道自己可以走出来，因为痛苦散发出极大的诱惑，使他无法抗拒。当受虐狂倾向与强制性完美倾向结合时，人们也会用同样的方式缓解完美形象求而不得带来的痛苦。做错事情会让人陷入痛苦当中，但是有受虐狂倾向的人缓解痛苦的方式是加深这种痛苦，让悔恨和羞耻感淹没自己。这样既可以麻痹这种痛苦，也可以从自我贬低的情感中得到满足。

我曾经描述过用加深痛苦来缓解痛苦的运作规律。有受虐狂倾向的人是自愿加深痛苦的，旁人并不会怜悯他，也不能带来什么现实的好处，而且他是无法将痛苦转移到别人身上的。但对他自己来说是有好处的，只不过性质不同。一个人如果本来心怀大志，自命不凡，可在竞争中却处于劣势，或被恋人抛弃，或不得不承认自己懦弱、有很多不足，肯定是非常痛苦的。但当这个人对自己的评价本来很低，甚至看不起自己的时候，他就不会在乎成败、尊卑。夸大这些痛苦和自卑，并沉浸在其中，会冲淡这些不愉快的经历的真实感，从而缓解那些无法忍受的痛苦。这个过程包含了一种辩证法观点：量变引起质变。这个原则在这个过程中的表现是，当痛苦积累到极致的时候，就像吸食了鸦片之后就麻木了一样，人们已经感受不到任何的痛苦了。

这种获得满足感的方法是，让自己彻底沉浸在某种事情之中。结合一些广为人知的经验，我们了解到它没有被人们看到的一面。比如因为向往大自然、痴迷音乐、热衷事业，产生的对宗教极端主义、荒淫无度、爱情至上主义等。尼采认为这是人类获得满足的基本途径之一，他把这种表现称为狂欢倾向。鲁思·本尼迪克特和其他人类科学家指出，在许多文化模块中都能发现它。极端的受虐狂无法通过其他形式获得满足感，只能沉浸在痛苦或自我鄙夷当中。

不过，放纵性欲，或通过受苦追求满足，并不是受虐狂倾向的核心追求，只是这种倾向表现出来的某些方面，不是全部。受虐狂倾向追求的核心是，人们因为孤苦无依而心存恐惧，所以不得不依靠谦虚和对他人的依赖，对抗来自生活各个方面的压力。这种源自基本需求的性格结构，决定了他们用什么样的方式维护自己的愿望，为自己的失败找借口，如何应对同时存在的其他神经症需求，以及追求的满足感是什么。有受虐狂倾向的患者和正常人一样，不愿意活在痛苦之中，但性格结构决定了他们必须承担痛苦。他们的满足感不是痛苦本身，而是沉浸在痛苦和自我贬低的苦海中获得快感。

虚张声势——施虐狂性格

有施虐狂倾向的人，习惯于打击他人、使他人受到挫折。他们就像陀思妥耶夫斯基的小说《白痴》中的那个小教员一样：“别人幸福自由地生活，是他最不能容忍的事，他唯一的愿望就是践踏他人的快乐。”这种人内心卑劣，都有种“我活在痛苦之中，你们也别想好过”的心理。看到别人失败和受到挫折，他们会感到很开心，因为他们觉得终于有人和他们一样痛苦了。他们痛苦的感觉已经到了不能忍受的地步，所以必须想办法缓解。

贬低他人，因为自己“生活在嫉恨中”

有明显施虐倾向的人，感觉自己的生活没有任何实际意义。尼采把这种状态称为“活在嫉恨的情绪中”。他们看不到别人的不幸遭遇，只知道自己忍受饥饿的时候，其他人正围坐在餐桌旁大吃大喝。他们只能看到其他人拥有强健的体魄，享受着舒适的生活，沉浸在甜蜜的爱情中，拥有很强的创作能力，并且表现得非常有安全感……他们对这些人的快乐和幸福充满怨恨，为什么这些人能享受自由和幸福，而他们却享受不到？在陀思妥耶夫斯基的小说《白痴》中，有一段十分符合这种现象的话：“别人幸福自由地生活，是他最不能容忍的事，他唯一的愿望就是践踏他人的快乐。”在这本小说里有个患肺结核的教员，他把口水吐在学生的面包上，因为只有在欺负学生的时候他才能感到快乐。这个教员就是典型的有施虐狂倾向的人。报复性的嫉妒会衍生出这种有意识的行为。有施虐狂倾向的人打击他人、使他人受到挫折，往往是无意识的。不过他们与小说中那个教员的出发点一样卑劣，都有种“我活在痛苦之中，你们也别想好过”的心理。看到别人失败和受到挫折，他们会感到很开心，因为他们觉得终于有人和他们一样痛苦了。他们痛苦的感觉已经到了不能忍受的地步，所以必须想办法缓解。

除了看别人受苦，他们还有一种缓解这种痛苦和嫉妒的方法，就是“酸葡萄”心理。他们将这种方法运用得得心应手，哪怕是非常有经验的观察者也不容易看出来。他们非常小心地把嫉妒掩藏起来，并竭尽全力否认自己的嫉妒心。他们对待生活的态度总是消极的，认为生活中充满阴暗。但在他们的眼里这代表他们有敏锐的洞察力，还代表了他们对人生透彻的理解。这也是他们喜欢指出别人缺点的原因之一。当他们在路上看到一个美女，第一反应就是寻找她的缺点。当他们进入某个房间的时候，一眼就能看出某件家具的摆放位置不合适，或某个地方的颜色与房间其他地方的颜色不搭，而且会长时间盯着这些他们认为不和谐的地方。他们非常善于发现别人的缺点和错误，时刻关注着那些有错误的事情或负面情绪，忽略其他好的地方。有些人还非常狡猾，为了掩饰自己的这种倾向，说这是因为自己对不完美的事物过分敏感。

通过发现世界的缺陷，他们的嫉妒和憎恨得到了某些程度的缓解。但他们总是盯着别人的错误和缺陷，又会让他们变得更加失望和不满。当他们没有孩子的时候，觉得生养孩子是人生中最重要的体验，没有这种体验是一种遗憾；当他们有孩子的时候，又认为孩子是累赘，会给生活带来无尽的负担。他们没有性伴侣的时候，会觉得自己的权利被剥夺了，还担心禁欲会带来危险；有性对象的时候，他们又会为此感到耻辱。当他们没有机会外出旅游的时候，会觉得自己很没面子，认为这是一种无能的表现；当他们有机会出去旅游的时候，又会因为旅途中出现的不方便感到苦恼。他们认为自己应该对别人感到失望，并且应该明确告诉别人，这也是他们向别人提出各种要求的理由。事实上，就算别人满足了他们的所有需求，他们也不会感到满意。因为真正令他们感到不满的是真实的自我，只是他们从来没有想过这一点。

有施虐狂倾向的患者会对他人产生贬损、嫉妒、不满。通过这些表现，我们就可以理解施虐狂倾向的人为什么会挑出其他人的毛病，并无休止地向他人提出要求、使他人受到挫折，并伤害他人。施虐狂倾向具有破坏性，有这种倾向的人通常非常傲慢、偏执，如果我们要理解产生这些现象的原因，就要首先明白他们每时每刻都活在绝望当中。

他们因为对自己的不满而无法正视自己，因为害怕被自己的厌恶伤害，所以变得更加执拗。他们拒绝来自外界的批评、冷漠、轻视，这些态度会让他们的自卑感更加强烈。他们把这些态度当成不公平的待遇，通过攻击他人来缓解自己的痛苦，这就是他们采取的防御措施。

要发泄，要报复

明显有施虐狂倾向的人为什么要贬低别人？为什么想疯狂改造他人（至少是想改造他们的另一半）？是不是我们换一个角度就能理解了？当他们自己无法达到理想化形象的要求时，就会强迫伴侣达到。如果伴侣也无法达到，他们就会非常生气，并把这种怒气发泄在伴侣身上。这是一种具有明显强制性的倾向。

对施虐狂的这种强制性有了一定的了解后，也就能理解他们的报复倾向了。报复倾向是另一个具有代表性的施虐狂现象，这种倾向可以渗透到患者的每个细胞当中。他们内心强烈的自卑感只能用这种具有强迫性的报复来驱逐。他们看不到绝望来自他们的内心，认为是其他人毁了他们的生活，所以其他人要为此负责，承担在他们身上发生的一切，以此来补偿他们。由于这种偏执的态度，他们总是把自己放在受害者的位置上，一切的苦恼都是拜别人所赐。他们的报复欲毁了他们的同情心和爱心。他们时常会想，我为什么要同情别人，是他们毁了我的生活，当我受苦的时候，他们却在享受快乐。他们的报复欲是不是有意识的，取决于他们要报复的对象。比如，当他们报复的对象是父母的时候，就有可能是有意识的。

他们没有意识到报复欲是一种病态倾向，这种倾向已经渗透到他们的整个人格当中。有施虐狂倾向的人总有种被抛弃的感觉，而且感觉自己永远无法摆脱被抛弃的厄运，于是他们盲目地向别人发泄自己的愤怒。他们把自己的不幸强加给别人，通过这种方式缓解自己的痛苦。他们通过贬低别人来减轻自己具有破坏力的自卑感，并从中得到一种优越感。他们在改造他人的时候，不仅获得了令自己兴奋的支配感，还获得了生活的替代价值。他们玩弄和利用他人感情的时候，可以暂时填补自己情感生活的空白，减弱自己的空虚感。他们使别人受到挫折的时候，可以暂时让他们忘了失败带来的痛苦。通过报复取得胜利的愿望是支撑他们生活的最大动力。

他们寻找的兴奋和激情也可以认为是他们追求的动力源。人格健全、心理平衡的人不需要这种刺激，成熟稳重的人不会在意这些。但有施虐狂倾向的人压抑了其他的情绪，只有愤怒的感觉和看到他人受到挫折时的满足感，所以情感生活非常空虚。他们想要找到存在感，想要肯定自己的价值，想要证明自己活着，唯一的方法就是寻找这些刺激的感觉。他们与别人的有效互动体现为虐待关系，他们在施虐的时候能体会到一种强大的力量感，这种感觉增强了他们无意识的全能感。

这些就是有施虐狂倾向的人追求的所谓的“成功”，这与我们的说法，也就是绝望者宁愿舍弃所有东西也要追求某个目标并不矛盾。因为他们追求的都是一些假象，从来都不是自由和自我实现。他们不期望自己有改变的能力，带给他们绝望的因素一直没有变化。

施虐可以帮助他们忘记失败带来的痛苦，但因为其具有破坏性，结果又总是造成很多负面影响。首先，会加深他们的自卑感，让他们变得更加焦虑。他们害怕遭到受虐者的报复，并且相信只要受虐者有这样的机会，就会“采用不公平的方式对待他们”。他们时刻保持警惕，以主动进攻的姿态作为自我保护的手段，以便让受虐者找不到机会报复。他们认为自己的身上没有任何弱点，不会受伤、不会生病、不会发生意外，也不会死亡。他们确信自己没有露出一点让别人攻击的破绽，身上带着一种骄傲的安全感。这是一种虚假的安全感，要摧毁它很容易，不管是故意还是不经意，只要一点点的伤害，他们就会陷入恐慌。

他们恐惧自己的破坏性和不稳定性，因此陷入深深的焦虑。他们感觉自己就像背着一颗定时炸弹，只有保持高度警惕、超强的自控能力才能避免炸弹爆炸。他们喝醉的时候就变得极具破坏性，因为醉酒可能会使那些引爆炸弹的危险因素暴露出来。

压抑施虐倾向是人们产生自卑和焦虑的主要原因，不过这种压抑的程度有时轻有时重。施虐者一般意识不到自身的破坏性冲动。施虐者居然不知道自己有施虐倾向？这听起来好像有些不可思议。事实上，他们能意识到自己渴望虐待比他们弱小的人，也能意识到自己经常幻想施虐场景，还会意识到自己看到别人被虐待时产生的兴奋情绪。但他们没有把这些意识联系到一起，是在无意识状态下施虐的，即便伤害已经成为既定事实摆在眼前，他们也不会意识到自己在施虐。对于自己的施虐行为和造成的伤害，他们之所以感觉如此模糊，是因为不管是对自己还是对别人，他们的情感非常麻木。还有，施虐者会找各种各样的借口欺骗自己和他人，掩饰自己的行为，下意识地拒绝承认自己在施虐。

神经症倾向的破坏性

人类是不是真的拥有破坏本能？回顾一下历史吧，各种残酷的事，比如战争、犯罪、宗教迫害、专制统治等，这些都可以证明破坏本能是存在的。人类会利用所有的机会，使用最残酷的手段发泄自己的愤怒。尔虞我诈、欺压弱小、弱肉强食，这些残酷的现象甚至隐藏在充满友爱和幸福的人际关系中。弗洛伊德认为，只有一种关系没有被敌意腐蚀，那就是母亲与孩子的关系——当然，事实证明，这个关系中也并非全无敌意。不过，其实在神经症人格的精神世界中，脑海中翻涌的幻想远比现实世界冰冷、残酷。有些人即使只是受到别人一点点的轻视和冒犯，就会在梦里对那个冒犯他们的人拳打脚踢，使尽浑身解数侮辱对方。

神经症倾向不仅会使人对别人做出残酷的事情，而且对自己也毫不手软。当痛苦不断累积，普通人尚且会一时脆弱，选择结束自己的生命，更不要说那些有神经症倾向的人，他们的内心可是长期忍受着痛苦的煎熬和折磨。要知道，这些人的精神更加脆弱，他们可能早就在伤害自己了。有些人经常对自己提出一些无法达到的要求，然后因为不能达到那个要求而为难自己，甚至认为自己就不该过上开心快乐的生活。

当然，即便是有神经症倾向的人，也不是很痛快地做出结束自己生命的决定的。在彻底自我毁灭之前，他们可能会产生一种破坏的冲动。如果人们不能将破坏冲动发泄出来，就会增加毁灭自己的风险。在此之前，他们往往会积累大量的怨恨，没有办法发泄，这种破坏的冲动的首要发泄对象很可能是自己，于是开始进行自我折磨。这样看来，破坏本能是从死亡本能中延伸出来的。这种表现经常发生在有受虐狂倾向的人身上。它还能解释人们出现的猜忌怀疑、抗拒努力、害怕他人的责怪和嘲笑等态度。

有什么东西能够对抗这种破坏的欲望？如果没有，我们为什么还会趋利避害、保护自己，直接结束自己的生命不就可以了吗？从表面上来看，死亡是一种本能，生命的本体当然可以按照自己的想法选择结束自己生命的方式。但是能够与死亡的本能对抗的东西是真实存在的，这种真实存在的东西就是生命本能。按照这个理论分析，生命本能和死亡本能成了基本的二元对立。但是即便是在精神疾病的临床观察中，也没有能够证明死亡本能存在的东西，因为它的发生很短暂，并且没有任何迹象，是发生在人体内的某种作用。我们只知道，人类有求生的本能，它与死亡本能融合在生命体内，并让我们逃离了被死亡本能消灭的命运，或者说让我们延缓了被消灭的命运。

狂妄和脆弱，都因为缺失自我

每个人都有自我，但只有“真我”才能使人健康、幸福、平和。人生之初，一个人就面临各种不利于“真我”生长的因素，难以按照内心意愿做出选择。儿童是弱小的，如果某种行为得到大人的认可，就会依赖这种行为。于是，各种外在的、非根本性的因素就会侵蚀他的“真我”。狂妄和脆弱，是失去真我之后的基本表现。

在人生的起点，“真我”会遭遇什么

无论成长环境如何，只要孩子的智力没有缺陷，就可以自然地拥有某种独特的技能，也能学会如何待人接物。人们不需要强势要求，也无法要求每一粒种子都长成参天大树。每个人都能在恰当的时候发掘自己的潜能，增强自身的技能。拓展自身的兴趣爱好，能使情感变得丰富，使思想变得清晰，对美好的未来充满渴望。每个人都有自己独特的方式与他人交流，并在这个过程中开发个人资源和增强意志，使自己的天赋和才能发挥出来。这可以帮助人们准确地找到自己的生活目标和价值观，并缩短寻找的时间，向着“实现自我”的目标前进。虽然每个人都有不同的自我，但“真我”才是促进人类发展的根本，是人类关键的内涵力量。

只有人类才能发掘自身的潜能，外界的力量永远无法做到这一点。人类必须在适当的环境中才能成长，就像种子需要在成熟的条件下才能生根发芽一样。在友好、温和的氛围里，人们才能没有顾虑地表达自己的真实想法。这样的氛围可以消除恐惧感，还可以让人们充分感受到摆脱束缚的自由感。人类成长需要的友好和关爱，可以满足人们的精神需求，也可以引导、鼓励人们实现自我价值。痛苦可以让我们感受到其他人的存在，我们不能忽视他人的看法和意见，矛盾和阻碍是成长过程中不能避免的事。如果在实现自我成长的时候能与他人共同成长，就能在矛盾和冲突中宽容和原谅他人。

生活中有很多不利于孩子成长的因素，这些因素阻碍他们按照自己的意愿做出选择。比如最常见的就是，家长认为自己有权力对孩子进行完全的控制。他们从来不会深入了解孩子真正需要什么，只想把自己的意志强加在孩子身上，对待孩子的态度完全取决于自己的情绪，还认为孩子的单纯是愚蠢的表现。有的家长对孩子过分欺瞒；有的家长对孩子不管不顾；有的家长对孩子过分严格；有的家长恐吓孩子；有的家长对孩子过分粗暴；有的家长对孩子过分宠爱和放纵；有的家长对不同孩子的态度差别很大；等等。

阻碍孩子健康成长的原因有很多，而且不是单一存在的，这些严重影响了孩子的成长，使他们缺乏安全感、产生恐惧心理。最终导致孩子没有团队精神和归属感。我们把这种心理称为“基本焦虑”。当孩子认为自己处在敌对的环境中时，会感到孤独和无助，这种压力是由基本焦虑产生的。这导致孩子无法表达自己内心真实的想法，也无法与他人正常地交流，甚至会迫使他们想办法对付假想敌。这种在无意识状态下寻找对付“敌人”的办法的解决方式，不会唤醒或增强孩子内心的基本焦虑，反而会使其得到释放和缓解。孩子在这种无意识状态下想出来的策略究竟是什么样的？这就要由他们的性格特征和当时所处的环境决定。但总的来说，孩子们会疏远他人，封锁自己的内心，避免与外界的沟通，用辩解掩饰内心的焦虑，依仗身边最有权势的人。他们会有选择、有目的地顺从、回避和对抗他人。

除了顺从、回避、对抗他人这三种倾向，维持正常的人际关系往来还需要其他的能力。比如，坚持自己的观点；情感上的需要与付出；对他人意见的接受与顺从；等等。但一个因为基本焦虑而产生危机意识的孩子，会把这些能力表现得非常严重和极端。如果处于焦虑和恐慌中的孩子的某种行为，得到了人们的认可和赞美，他们就会十分依赖这种行为。在特殊的情形下，他们也会变得叛逆和冷漠，这时候外在的、非根本性的因素侵蚀了他们的“真我”，他们不会在意真实的自己有什么样的感受，也不理会自己不适当的态度。这对于一个充满生命力，并且刚步入社会的孩子来说是非常可怕的。

从“追求荣耀”到“报复性胜利”

追求外在的成就，以实现内在的平衡，其重要的驱动力是对荣耀的执着。对荣耀的追求贯穿于我们工作生活的各个方面。总有一些人被描述成“野心勃勃”，他们努力去取得成就，以此作为获得权力、财富、地位的手段。表面上看，执着于荣誉与一般的奋斗之间，看不出什么不同。事实上，没有人能画出一条清晰的界线，明确区分执着于荣耀和奋斗。

但是，执着于追求荣耀的人比普通人更多关注的是身外的权力、欲望、成就，比一般人有抱负。他们的道德标准更加牢靠，比其他人更加自负，并且认为自己非常重要。如果运用得恰当，它会促使人变得更加优秀。

人生在不同的阶段，抱负也是不同的。上学的时候，有人执着于得第一名，没能得到就觉得是耻辱。随着年龄的增长，他会热衷于跟引人注目的女孩约会，渴望获得财富，或在某个领域取得卓越的成就，如果实现不了这些预期就会非常苦恼。其实，他们也不知道自己到底该追求什么。有的人在某个时期可能想做左右战局的英雄，或成为名扬体坛的体育明星，但在另外一个时期又想做个被人们敬仰的圣人。他们错误地以为没有达到目标是因为战争残酷和竞争激烈，或意志随着年龄的增长消退了。其实是他们在追求荣耀的路上偏离了方向。当然，人们也需要分析，为什么会在特定时期偏离方向？为什么要强调这些变化？因为被伟大的抱负左右的人，往往不关心做事的内容，只在乎所做之事是否能给他们带来优越感。想要了解抱负在各个阶段的变化，先要了解这种不相关性。

没有人能界定，所谓的“伟大抱负”的范围到底有多大。很多时候人们也并不关注，自己算不算有伟大的抱负，比如，我是不是领导，并拥有决策权？与他人沟通交流是不是我的强项？我是不是被人们称呼为音乐家或探险家？我是不是一个在生活中不能缺少的人？我写的书是不是被大众知道？我是不是把自己装扮得大方得体？这类人会不断问自己类似的问题。人为什么要有伟大的抱负，取决于个人的渴望。他们或许是想要手握更大的权力，或许想提升自己的威望。比如，升职附带的管理权、名望的提高、收获赞赏、获得别人狂热的崇拜等。

有这种想法的人把最终的目标定为获得“优越感”，并在目标里倾注了他们的实力。这些驱动力比较现实，也能让人们获得渴望的财富和声望。但从另一方面看，他们内心的宁静已被打破，无法保证对生活的情趣和内心的安全感。内在压力包围着他们，因为他们一直追求的“成功”，是虚假的、不切实际的。我们处在一个激烈竞争的社会中，对于正常人而言，上面的评论似乎有点说不通。因为所有人都希望自己变得更加完美，并能超越他人。所以我们认为出现这种倾向是很正常的。

但是，有时候人们执着地追求荣耀只是为了获得报复性胜利。表面上看，他们是为了获得成功，但实际上是为了征服他人、向他人示威、抬高自己。他们看到自己的成就让别人自惭形秽，非常享受那种看别人被羞辱表现出来的痛苦。所以他们探求荣耀的真实目的其实是获得报复性胜利。

获得报复性胜利的需求也会在人际关系中表现出来。不过人们并没意识到自己的动机是想要战胜和挫败他人，也没办法控制这种冲动。产生这种冲动的根源可能是人们在小的时候被羞辱过，在幼小的心里种下了报复的种子。所以，推动这种报复心理的力量我们不妨称其为“报复性驱动力”。当执着地追求荣耀是为了获得报复性胜利的时候，人们的心理就会趋于病态，若这种驱动力得不到控制，最终的结果就是患上心理疾病。这种驱动力的强度有多大？大部分时候人们对这种驱动力的了解只停留在表面，有时候会把它当成主要动机隐藏在生活中，偶尔才会表现出来。大部分人对这种需求的认识相当肤浅。第二次世界大战的发动者希特勒，曾经有过被羞辱的经历，所以他幻想着取得胜利后，所有人都臣服在他的脚下，并为此押上了自己的性命。我们可以在这个例子中了解到那种需求不断增加导致的恶果，也就是只关注胜利或失败导致的恶性循环。他对失败充满恐惧，所以必须在战争中取得胜利，每次战争的胜利都会增加他的狂妄和自傲。他的自傲感让他无法容忍任何不赞同他的国家和人。

相似的例子还有很多，比如现代文学作品《目视火车驶过的人》一书的主人公。他任职于某公司，为人十分正直。他一直对家庭和工作中的某些事感到困惑，他除了做好自己的本职工作外，想不到其他的解决办法。有一天他发现了公司破产的真正原因，是老板使用手段欺骗客户，这使他多年来一直遵守的价值标准瞬间崩塌。原来那些地位高的人和地位卑贱的人之间存在的差距，是人为原因造成的。他忽然意识到，原来他也可以变得“伟大”和“自由”，也能拥有老板太太那样的女人。于是他变得非常自负，在老板太太拒绝跟他亲热的时候，杀死了她。事发后，警察用尽全力追捕他，这使他感到十分恐惧。但促使他逃跑的主要动机却是战胜警察的满足感。为此，他甚至产生了自杀的想法。

报复性胜利的驱动力是凭借凌驾在他人之上，来获取击败或侮辱他人的满足感，可能只在相当疯狂的欲望中才会明显地表现出来。因为这种驱动力本身具有破坏性，通常情况下都隐藏在暗处，在追求荣耀的过程中表现得最为隐秘。

“真我”的替代品——假象

人性的发展过程与结果没有必然的联系。在这个过程中，人们总会感受到各种的不适应。这些不适应通常会破坏一个人的内在力和统一性，同时也会产生修补这些缺口的迫切需求。这在某种程度上会造成人格分裂，所以需要使用人格统合的方法使其变得牢固、精准。因为各种各样的原因，大部分人格无法发挥建设性作用，也没有机会发展真正的自信，戒备、分裂、偏向发展等初期解决方式，完全消耗了一个人的内驱力。所以，即使自信心只是替代品，也是他们迫切需要的。

他们在一个人的时候，经常会与别人做比较。与其他人相比，他们的生活缺少乐趣、不切实际而且没有意义，但他们不会因此感觉自己软弱。而且归属感可以帮助他们减轻这种感觉，如果他们有了归属感，即使这种不如别人的感觉会形成阻碍，也不会太严重。他们成长在一个紧张的环境中，必然会对他人充满敌意，而且会感到孤独。所以他们只能发展一种迫切的需要，以便超越他人。

脱离自我就是获得上面这些要素的基础，并且会阻碍真实自我的发展。他们必须隐藏自己的真实想法、意愿、情感，以便有发展、有计划地对付其他人。为了获得暂时的安全感，他们会抛开一切思想感情。事实上，他们已经把思想和情感压抑得无法辨认。他们的情感和思想已经无法做出决定，从支配情感的人变成了被情感支配的人。这种脱离自我的状态让他们变得更加恐惧、懦弱，同时还使他们的精神变得混乱，“我是谁”“我在哪儿”连他们自己都搞不清楚。

脱离自我使其他人格损害的严重程度增加。如果一个人沉浸在自我的世界里无法脱离，可以对可能发生的情况进行大胆猜测，也可以让我们更加准确地了解其中的意义。脱离自我不会让他们感到不安，只会产生某些矛盾。比如，他们的自信心不会全部消失，只会受到不同程度的损害；不能正常与他人交往，但不会影响与他人的联系。脱离自我的人需要自我感给予他们支持，自我感是个体统一的感觉，会使他们感到生活是有意义的，并让他们有某种权利感，即使身体再虚弱，也不会在乎，因为他们觉得此刻的生活更有乐趣。在这里要注意一点，这种自我感不是真实存在的，所以也无法代替真实的自我。

到了这种地步，只有幻想能够满足他们内心的需求。在幻想中，他们慢慢地创造出一个理想的完美形象。想象自己变成了英雄、情圣或神灵，并且拥有非常厉害的能力。当然，这一切都是他们自己幻想出来的，把自己幻想成万能的上帝，并且在现实生活中表现出来。他们固执地相信自己的形象是非常完美的，还会不断给自己心理暗示：你现在首要的任务就是保持自己完美的形象，扔掉现实中的坏习惯，目前首要的任务是完成理想化自我的转变；你要多做好事，要喜欢所有人，要学会理解和忍受所有的事。这些只是他们心理暗示的一部分，所占据的地位却是不可撼动的，我们称之为“理所应当的绝对权力”。

创造理想化形象的必需品是自吹自擂，这能给人带来一种优越感，也能让人觉得自己是非常重要的，别人离不开自己。但这并不是盲目自傲，任何人创造的理想化形象都来源于过去的遐想和独特的经历，以及自身的需求和天赋。如果设想的人格完全脱离现实，就不会感觉真实的自己与理想化形象完美地融合在一起。他们在刚开始的时候，就把解决基本冲突的方法理想化，变成他们独有的方法。比如，把顺从、攻击、冷漠美化为善良、领导力、独立、无所不能；想象自己是一个英雄；遮蔽自己身上明显的缺点，认为自己的爱是伟大的、高尚的。

他们的冲突倾向会以下面的某种方法转化。

第一，喜欢在爱情里占据主导地位的人，认为软弱是可耻的，他的理想化形象是外表威猛、内心温柔的勇士。人们在私下里或许会称赞这种倾向，所以需要认真分析才能整理出思路来。

第二，为了不形成障碍性冲突，想象中矛盾的对象在受人赞扬的同时还会被孤立。患者把自己想象成救苦救难的神灵、与邪恶斗争的英雄、洞察一切的智者。这些是没有矛盾和冲突的解决方法，也是患者的自我感觉。

第三，矛盾冲突可能会优化一部分复杂的人格。冲突的目标可能会提升为实质的才华和能力。曾经一个很有天分的人，把出现在他身上的顺从、抗拒、疏远变为美德、领导力、智慧。这三种基本冲突就被美化得非常和谐融洽。然后他就不再幻想这种理想化的完美形象，而是主动把理想化形象转变成理想的自我。对他来说，这种理想化的自我比真正的自我更真实。这并不是因为它有多大的魅力，而是因为能满足他迫切的需求。这种重心转移的过程是一种内在的变化，而且这种变化就发生在生活当中，他自己也能感觉到。这种变化只会发生在曾经失去真实自我的人身上。

在这样的发展状态中，努力奔向真实的自我才是正常的表现，可脱离自我的人会抛弃真正的自我奔向理想中的自我。他们的行动由理想中的自我决定，理想的自我成为衡量真我、判断感知的一个测量工具。

大部分的心理问题都可以用将自我理想化的方法解决，这种方法不仅可以解决个人矛盾，还能满足特定时间发生的内在需求。另外，它能让人从过度的情感和痛苦中解脱出来，还能让人在工作和生活中取得成就。他们会为了自己宝贵的生命坚持这种解决问题的方法，这种坚持可以称为“强制性需要”。在容易形成心理性问题的环境中，人们经常会产生强制性需求，所以理想化的自我也经常出现。

从理想化自我的两个优点出发，可以看出早期的人格发展会导致什么结果，以及未来会走向哪里。舍弃真正的自我是发展过程中最合乎逻辑的做法，它会对未来的发展产生非常深刻的影响。

恶性循环和强制性

将自我理想化是解决内心冲突与矛盾的方法，且具有强制性，结果是由此衍生出的所有驱动力都有强制性。人们过度依赖错觉时，就无法认识到一个人的自由是有限的，并陷入对外在荣耀的无限探求中。他们对学习、努力的过程或循序渐进的探索没有任何兴趣，甚至会蔑视这些过程，因为他们的首要目标是取得荣耀。这就好比他们想要站在山顶上，可是又不想经历艰辛的爬山过程。虽然他们经常提及成长和进步，但并不清楚成长和进步的真正含义。他们只好放弃真我来实现理想化的自我，但这需要把事实想象（想象在实现理想自我的过程中是必不可少的）得更加扭曲。所以，在发展人性的过程中，他们渐渐地不再关注真实的情况，也不再对事实产生兴趣，从而失去辨别真假的能力。从某些方面来看，这的确是一种损失，也解释了为什么他们分辨不出存在于自己和他人之间的真实感情。

在追求荣耀的过程中，正常人与依赖错觉的人都具有驱动力，但二者有着明显的区别。前者具有自发性、有限性，这种驱动力是真实的、实质性的；后者具有强制性，并且否认有限性的存在，是表面上的、虚假的。所以，正常人会付出努力实现真我，依赖错觉的人不会因为某种驱动力实现理想中的自我，这就是两者之间的差别。依赖错觉的人也会有实现真我的倾向，假如他们从来没有过这种倾向，那么心理医生都帮不了他们。虽然在这些方面正常人与神经性驱动力支配的人只是在某种程度深浅上的不同，但真实的奋斗与强迫性驱动力之间的差异，是体现在特质上，而不是量上。

“恶魔契约”的故事中体现出来的观念化内容，是对过度地追求荣耀的过程最恰当的比喻。魔鬼觊觎那些被物质或精神困扰的人，它可以给人们无限的权势，不过这需要人们出卖自己的灵魂或下地狱作为交换条件。无论精神世界丰富还是贫乏的人，都有可能被引诱。因为人们在渴望“无限”中找到了摆脱痛苦的方法。在宗教中，作为人类最伟大的精神导师——佛陀和基督，都有过被无限权力诱惑的经历。但他们能够辨别诱惑，并且拥有非常牢固的自我基础，所以当诱惑来临的时候，可以坚定地拒绝。

人在关于人们执着于荣耀的过程中付出的代价，恶魔契约中描述得非常清楚。如果人们想通过近路获得无限荣耀，肯定会走到自我封闭和自我折磨的道路上，当一个人走上这条道路之后，就会失去灵魂，也就是失去真我。

生命为何不再自动自发

失去真我的人，在情感方面十分匮乏，无论是在情感的真诚度、自发性还是深度方面。他的情感变成应激式的，而不再自动自发。当朋友向他描述一件或危险或美好的事情时，他虽然可以做出反应，但是做不到主动去了解。也许，他能感受到自己的匮乏。在梦里，他会发现自己变成了一幅扁平的图像，或者一件模型、一尊石雕，或者一具尸体，而尸体正咧嘴笑着。

“脱离自我”是一种绝症

为实现理想的自我，有些人常常被无意识的需求驱使着，这种需求迫使他们沉沦在幻想之中。而理想自我与真我之间的矛盾，是无法调和的，为此他们必须放弃真实的自我。如此一来，他们便失去了生命的驱动力。

真我是人格中的核心，是唯一拥有意志和能力两个要素，且具有成长性的元素。抛弃真我就如同浮士德与魔鬼签订契约一样，抛弃了自己的灵魂。在精神医学上，这叫作“脱离自我”。这个词通常被用来描述失去自我感觉的现象。比如某些人失去了对自己的正面感觉，或者失去了某些记忆。曾经有一个十分奇特的例子，虽然难以置信，不过却能很好地说明这种情况：某人的大脑没有受到任何损伤，也没有处于迷幻状态，但是他却不知道自己是谁，自己在哪里，也不知道自己做过什么或正在做什么。

在这种情况下，其实自我感并没有受到太大损害，受损最多的是意识经验的一般能力。比如有的人对所有事情都懵懵懂懂，无法清晰地认识事物，对自己和他人的思想、情感都没有明确感受。而有些人看上去情况要好一些，对于思想和转变都有明确的认识，但是他们的情感却经受不住外在经验，他们的知觉也无法接受自己的内在感受。正常人会因为缺少外在经验或内在感受而痛苦，但有神经症的人却完全不受此影响。

脱离自我与“物质的我”有很大关系。有些人几乎无法感知到自己的身体，身体知觉也处于麻木状态。如果你问他脚冷不冷，他要先经过一番思考才能回答。当他无意中照到镜子时，也许无法认出镜中的自己。在他的认知中，没有“家”的概念，他眼中的家和旅馆没有任何区别。还有些人不知道自己的钱是自己挣来的，没有对钱的所有权意识。

在脱离自我之后，人们对生活的感觉可能会变得十分混乱，无法将自己和过去或现在的生活联系起来。对于这种变化的结果，有些人能够意识到，但是对于变化的过程，他们却没什么意识。只有当进行自我分析时，他们才能逐渐意识到这个过程。那些自我并不坚定的人经历的过程是相同的。

人与现实隔离，是一种很严重的情况。这意味着这个人失去了情感、信仰、意志等诸多能力，同时也失去了主动决定生活的能力。在他们内心中，他们不再是“完整的自我”。真我是生命的驱动力，如果出现这种情况，则表明真我已经与生命脱离。借用威廉·詹姆斯的话：它是“令人激动的内在生活”的开始，是自动自发的情感的源头，这些情感包括爱、恐惧、失望、愉悦、渴望、生气等。这些都是一个人专注和努力的驱动力，是意志驱使生命行为的源头，也是我们希望能够成长和完善的部分。我们对自身思想感情的“自发反应”“接受或不接受”“承认或不承认”“顺从或反抗”，都来源于此。也就是说，只有当真我变得积极活跃时，我们才有能力做出决定，并对自己的决定负责。因此，个人对整体的感知以及个人与整体间的关联都由此产生。它们也许能在不太剧烈的内心冲突中发挥影响，但是并不能让人的身心在行为、思想、感受等方面协调发展。有一些方法或许能起到协调的作用，但是适用情况则完全相反。

在探讨自我问题时，我们可以从哲学史中借鉴很多有益的观点。不过每个研究者几乎都陷入相同的困境，就是难以描述自身的特殊兴趣和经验。我们要把实我或“经验性的自我”与理想自我区别对待，但同时又未对实我和真我加以区分。实我是一个人在一段时间内的表现总和，既包括身体的也包括内心的，既包括神经症的也包括正常的。在对自己的思想进行探索时，实我就是指一个人全部的思想。由幻想产生的自我是理想化自我，如果按照自负体系来讲，理想化自我实际就是我们想要成为的样子。真我是一种“原始”的力量，可以推动个人的发展，并帮助人们免受内心冲突的困扰。因此当一个人有探求自我的欲望时，他便是在追寻真我，这种自我与理想化自我完全相反。从这个方面来讲，真我是这三种自我中最有探索性的一种。曾经有一个人近似于神经症，不过他能区分出真正的自我和理想化的自我，因此他认为这就是他最有可能的自我。但在真正的神经症患者看来，这种可能的自我和真我都是模糊不清的，不过仍可以被感知。相对于失去其他自我，失去真我应该是最容易看出来的，只要排除强制性需求的干扰，经过细致观察，我们就能在自己或这些人身上找到这种特征。

究竟是脱离真我还是脱离实我，也许我们根本无法精确区分，这里我们重点说脱离真我。丹麦哲学家索伦·克尔凯郭尔将脱离自我称为“绝症”。脱离真我是一种因失去自我而产生的绝望，或是一种对自己的失望。不过（在索伦·克尔凯郭尔看来）这是一种宁静的、让人无法尖叫的绝望。这类人看上去仍然生命力旺盛，拥有不错的活力，但是往往会沉迷于一些小的挫折中，比如被禁止发言、失业或者小腿受伤等。索伦·克尔凯郭尔的观点与发展为病态的人表现相一致。患者的眼睛不会因为失去真我而受到直接损害，但是在看医生时，病人会说自己有头疼、工作压力大、存在性障碍，以及其他形式的病症。而在他们的讲述中，通常并没有自己已经和精神生活的重心割断了联系这样的内容。

“行尸走肉”式生存

是什么让我们脱离了自我，现在我们也有了一定的认识，造成这种现象的部分原因是心理上的强制性因素。所有的强制性都体现出一个共同的特性，就是“我不是控制者，只是推动者”。在这一方面，无论是自我产生的强制性因素（比如自我理想化），还是由外在关系产生的强制性因素（比如不合群、屈从、仇视、冷漠等），都符合这个特性。在这些强制性的驱动下，个人的自主自发将被剥夺。比如某人想要被所有人喜欢，当这种需要变成一种强制性因素时，他便失去了分辨能力和情感的真实性。当这种强制性使他工作的目的变成追求名誉时，工作本身的乐趣便会大为减少。同时这种强制性会与真我之间产生冲突，使他的决策管理能力和统一性受到损害。

“脱离”也是一种被强化的行为，因为“脱离”和强制性的发展过程非常相似。这个过程可以被视为主动远离真我的步骤，其中包含了所有驱动个人追求名誉的力量。一些人试图把自己变成绝对完美的状态，假如由此催生了追求名誉的动力，那么“脱离”就更严重。在他们眼中，他们所喜欢的、要求的、感受到的，都是理所应当的。而这种理所应当会驱使他们做一些与自己的能力完全不相匹配的事情。这个时候他们在想象中的自我已经完全变了样子，而他们的真我变得十分淡薄、无力。他们会认为自己即使什么都不做（在人际关系方面），别人也应该迎合自己，为自己做事。他们会认为凡事都应该由别人为自己负责，而自己不必做任何决定。尽管他们在一些方面拥有不错的能力，但是他们根本不去使用，任由这些能力浪费。最终结果就是他们越来越无法决定自己的生活。

脱离自我不但不能使人真正解脱，反而还会使人背负起沉重的心理负担。他们对自己的理性与情感已经失去信任，抛弃了自己的所有兴趣。这就是整个的“外移作用”的过程，是主动远离实我和真我的另一个步骤。

还有一种主动对抗真我的表现，与自恨所展现出的形式是一样的。比如一个人抛弃了真我，他会因为“破坏”而受到鄙视和威胁，使人产生厌恶感，最终他似乎成了一个令人唾弃的犯人。

这让人心生恐惧，有时这种恐惧来得很容易，比如只要想到“我是这样的”，恐惧便会猛然降临。有时在无法区分“脱离自我的我”和“正常的我”的时候，这种恐惧也会降临。要抵抗这种恐惧，最好的办法就是抛弃“我”，让自己无法听、看或者说话，变成一个“没有清楚知觉”的人。对真实的自我不满意的人往往倾向于这么做。他很乐意让自己的感觉变得不清晰，有时他会为此而向人诉苦，但更多时候他是喜欢这种状态的。

这些也许就是脱离自我的原因。在我们说脱离自我时，应该注意到，它只是指一种单独准确的现象。确切地说，脱离自我是从自身脱离的一种主观感受。他认为这是一种聪明的举动，其实与他的生活并没有紧密相关，也不会给他的生活带来好的变化。

要看一个人是否有脱离自我的倾向，有一个关键的切入点，就是看他与现实生活的关联度。有些事情并不能体现出问题所在，比如和他讨论电视、天气，或者与他密切相关的生活中的事务，因为他会尽量避开这些事情。他与自己的生活之间已经不具有人格性的关联，他会工作、散步、交朋友，甚至和女人睡觉，但是这些事情并不会在他心里产生什么影响，他会讨论关于自己的事情，但是在心里却不会留下任何痕迹。“自我感觉消失”是生活能力降低的一个过程，即便在精神医学上不具备什么特殊意义，那应该也足以精确表述脱离自我这种现象。

脱离自我并不能直接而明显地表现出它潜藏的含义，要有特定的条件才行：记忆力降低、沉迷幻想和自我感觉消失（只针对神经症）。这些情况都只会在远离自我的人身上出现，而且并不会一直持续下去。导致幻想情感的原因，最多的是自负遭受严重损害，有时自卑感迅速增强也会导致出现这些情况。而在这些情况之外，脱离自我的本质并没有改变，与有没有经受过治疗没有关系。

脱离自我可以被暂时控制，而控制的次数是有限的。因此在还没有失去感知能力的时候，他仍然可以过正常的生活。另外，脱离自我常见的症状还有：双眼失神、动作不协调、出现非人格的预示性动作等。那些经过训练的观察者，通常可以很容易观察到这些现象。加缪、萨特等作家都曾对这些症状进行过详细描述。一个失去了内心的人仍然可以做好工作，这是一种非常奇异的现象。

要想搞清脱离自我到底对一个人的人格和生活有什么样的影响，我们需要对他的经历、情感、自我管理的能力、支配生活的能力进行持续的探究，才能找到比较准确的答案。

脱离自我的人的真实感觉到底是怎样的，即便是心理学专家也很难说清楚。不过，我们可以对情感有清醒的认识，有的人情绪内敛；有的人则情绪外放，不管是痛苦、快乐还是激动，都直接表现出来；有些人刻意表现出冷漠；有些人则是内心迟钝，让人以为他们不会有强烈的情感。一个人无论是什么类型的情感，如果脱离了自我，情感的强度就都会变弱。真正的自我情感有时会突然弱化，甚至感知不到。

脱离自我的人在情感生活方面十分匮乏，无论是在情感的真诚度、自发性还是深度方面。但他们并不认为这有什么不对，并认为这是一件好事。有些人会积极关注自己情感的日益弱化，比如他的情感逐渐变为应激式的情感，他也清楚如果自己不能对别人的善意或敌意有所反应，那么他的情感就是呆滞的。他的内心无法描述一棵树或一幅画，因为他在内心认为这是一件没有意义的事情。当他的朋友向他描述一件危险的事情时，他可以做出反应，但是做不到主动去了解他人的生活状况。他也许会惊恐地发现，自己的情感已经跟原来不一样了。

最后，他也许能感受到自己在情感方面的匮乏。或许在他的梦里，他会发现自己变成了一幅扁平的图像，或者变成一件模型、一尊石雕，或者是一具尸体，而尸体正咧嘴笑着。

无根："扮演者"必善变

一些人也许会做出虚假的主动行为，也可能会感知到残留不多的快乐。他们很容易感到沮丧，也容易变得热情；他们容易愤怒，也容易变得开心。但这些情感并不是他们内心深处自发的，因为他们内心根本没有这些情感。他们只生活在自己幻想的世界中。有一点需要注意，因为他们需要在别人面前塑造自己的形象，而实际上又脱离了自我，所以他们可以根据需求来改变自己的人格。有时他们并不清楚知道自己要扮演什么样的人，于是表现得比较善变。在别人眼中貌似真实的他们，也许正在进行欺骗。他们也许会表现得对政治或音乐感兴趣，也许会扮演成最卑微的人，也可能表现得乐于助人。他们会在不同的角色之间转换，这对他们来说就像换衣服一样容易，这是分析者所要解决的首要问题。然而，如果想帮他们分析和改变，就必须去观察、去发现他们内心最真实的自我。

有的人会疯狂娱乐，为此肆意妄为，使用伎俩，或者参与一些非常有刺激性的活动，而且认为是情感驱使自己这么做的。但实际上却与此相反，他们是因为缺乏情感而感到痛苦，因此才如此追求刺激。他们的情感如一潭死水，只有用这种刺激的方式，才能让他们的情感有所波动。

还有一些人，他们的感受比较真实，能够模糊地认识到自己的感觉，以及感觉与现实是否符合。但是他们通常会表现得比较沉闷，情感起伏很小，甚至让人感觉不到他们情绪上有波动。或许由于内心的作用，他们认为自己已经感受到了他们认为应该感受到的东西。又或者是他们表现出了别人期望他们拥有的情绪，如果这种情绪和当时的状况相符，那就更加有欺骗性。无论如何，我们所应探讨的是整体的情感，这样才能得到正确的结果。正常情况下，我们内心的情感应该是真诚、自发、有深度的，如果缺少了其中某种特性，那我们就要研究一下为什么会出现这种缺失。

一个人产生脱离自我的倾向后，通常在初期精力不足，而到后期却变得拥有夸张的精力。那么脱离自我确实能使人比其他人拥有更多精力吗？对此没有人能给出明确的答案。如果单独从

“量”的方面考虑，而不计入目的和动机，那么答案确实是肯定的。发展真我需要某种潜能的支持，而发展理想化自我则需要虚假的能力，脱离了自我后伴生的自负，恰好可以促使前者的能力向后者转化。我们越了解这个过程，就越能认识到在精力增加上的不协调性。这里从两方面进行讨论。

一方面，一些有建设性驱动力的精力对自我实现是很有帮助的，但是随着自负不断消耗精力，这种有益的精力在逐渐减少。比如一个有很大野心的人，通常会表现得比普通人精力充沛，因为他要花费精力来维持权力和吸引力。但是在另一边，他可能就没有精力去发展自己的人格。其实并非他的人格不能产生更多的精力，而是即便有多余的精力，他在潜意识中也不会将这些精力用在发展真我上。真我通常会被自恨控制，而自恨则会限制把精力用于真我的发展。

另一方面，对真实的自我不满的人认为自己没有精力（他们觉得精力不属于自己），因此无法推动生活向好的方向发展。对于不同的神经症人格来说，造成这种情况的原因是不同的。例如有的人会无条件地去完成别人希望他去做的事情，这时他会根据别人的期望来决定自己的行为，完全处于一种受控于人的状态。如果他的思想与他本人割裂了，那他就会像用光电量的电池一样丧失生机。或者说，如果他的自负受到损伤，那他的野心也将受到禁止，他会主动对自我进行否定。即便他在某些方面已经做出了一番成就，他也不会对其认可，而只是当作一次普通的经历。

随波逐流：失去方向感的人生

一些在我们生活中起决定性作用的因素，显然是超出我们现阶段能力的。因此我们才有了理想，并为实现理想而奋斗。理想是我们做出选择的依据，同时也为我们指引了明确的方向。

脱离了自我的人并没有这种“方向感”，他们的导向能力取决于脱离自我的程度。他们的行为是由内心的幻想决定的，缺乏计划性和目的性。幻想取代了有目的的行动，投机取代了真正的努力，懒惰淹没了理想，所有有意义的行为都没办法顺利施行。

而更让人担心的是，这些阻碍行动的东西都隐藏在暗处，没有直接体现，它们广泛存在于内心，却又难以准确区分。脱离真实的自我后制定的“完美的目标”推动他前行，让他看上去十分有活力，但他实际上也许已经被理想化自我的强制性标准所控制。此时一定要让他意识到自己正被矛盾控制。由于没有可以依从的命令，他会陷入严重的焦虑之中。真我无法再指引他，因为他的真我就像被囚禁了一样。让人备受折磨的内心冲突都是如此，冲突的大小和他脱离自我的程度，都可以从他的无助以及恐惧中看出来。

迷失“方向感”还会导致另外一种倾向，即“顺从”。他们对别人的期望和要求十分敏感，会顺从地按照别人的期望去做，并且美其名曰“贴心”或者“善良”。如果他们了解这种“顺从”的强制性，就会对自己进行分析、反思，并尤其关心与人格相关的因素。但如果“顺从”与人格因素没关系，他们就会自然而然地顺从别人。比如他们会思考别人对自己有什么样的要求，希望自己达到什么样的目标，于是他们便按照自己想象中别人的意愿去行事。在这个时候，我们就能明显地看到“顺从”的体现。而他们的这种做法，与人需要按照自身意愿行事的天性是背道而驰的。他们没有意识到自己被强迫，也没有意识到自己生活的航舵已经交到了别人的手中。当他们的思想与自身脱离，他们会产生一种失落感。如果他们身处梦境，就会发现自己身处一艘没有舵的船中，发现自己失去了指南针，发现自己身处险境而没有向导引领自己。“顺从”最主要的特点，就是没有内在的力量为自己做指引。

失去指引的情况，有时并不会明显体现出来。缺乏对自我负责的能力，是一种比较明晰的缺陷。但是，这样的人在守信、履行义务或对他人负责等方面，却并不一定有缺陷。这类人也许只为他人承担部分责任，也许完全值得信赖。

脱离自我的内在强制性力量非常强大，受此影响的人在某些方面无法按照自己的意愿行事。当他们不得不思考自己的思想和行为时，这种情况则更加严重。不过他们本人可能并不认同这种观点。他们认为自己的所作所为都是必需的，并且符合一定的规律性。另一方面，他们认为自己某些发展的可能性是不可改变的，因此自己采取什么态度或做什么事都不重要。而另一些可能性则是可以改变的，他们会努力与其对抗，让自己变得果敢、镇定和精力充沛。如果做不到的话，他们便会认为自己无能。而出于自卫，他们会竭力逃避责任，认为自己不会犯任何错误，不管是什么样的罪名，责任都在于他人。

问题已解决的假象：退缩

对生活持“退缩”态度的人不希望自己有依赖性，不愿让某种事物、某些人成为自己不可或缺的一部分。因为不是不可或缺的，失去时就不会那么痛惜。在人际关系中，他们与人保持距离，凡事不参与，只愿做生活的旁观者。退缩型的人还有一个特征，即对各种强势、压力、束缚表现得过于敏感，像个自由斗士。

宁静之下，不一定和谐

面对内心的冲突，人们较常见的处理方法之一，就是对冲突视而不见。他们自欺欺人地以为看不见就等于不存在，或是等着所有的麻烦都自己消失。表面看来，他们非常镇静，但其实这种表现只是一种退缩的手段，并不能从根本上解决引起痛苦的冲突。必须积极主动地面对生活中出现的各种问题，才能真正获得内心的安宁。

当然，有些问题的确会在退缩之后自己消失。但那并不是因为采取了正确的解决方式，而是问题本身消失了。而且，因为没有与冲突正面交锋，这种方法在发挥作用的时候不会产生新的矛盾。另外，人们对正常情况的感知比较滞后，所以退缩会被当成正常现象。

退缩，特定情况下是有一定的可行性的。那些年岁渐长、阅历丰富的人，对于如何平衡自己的野心和成功已经有了自己的心得。他们能巧妙地处理各方关系，懂得如何取舍，为人处世充满智慧，对很多事情的要求和希望也减少了。放弃没有用的事是各种宗教中维持满足的方式，也是最高尚的追求。比如，为了接近神明，抛弃性欲和展现自我的欲望，放弃追求财富的欲望；为了获得永生，放弃对某种事物短期的热切期望；为了获得藏在人们心中的力量，放弃个人的满足和奋斗；等等。

但是，人生中大部分问题靠退缩是解决不了的。现在我们要讨论的是，如何解决那些问题才能缓解内心的冲突。基于此，退缩的意义在于，试图回避矛盾建立内心平静的假象。在宗教中，追求内心的安宁是靠努力和奋斗达到更高境界，而不是放弃努力奋斗。但很多普通人获得内心安宁的方式就是放弃努力和奋斗。这个行为模式没有产生任何有价值的东西。对他们来说，退缩就是萎缩、被限定，于是他们的成长和人生也受到了削减和限制。

这种退缩是不正常的。虽然在我们描述的过程中包含着积极的态度，比如希望问题自动解决掉，但这种积极的本质是为了掩饰消极的情绪。为了能理解得更加清晰透彻，我们不妨将“退缩”这种方式与“自大”“报复”进行对比。在这两种解决方式中存在一种比较狂热的情况，就是对某种事物的猛烈追求和严格要求，同时还有对某种追求的强烈情感。这其中包含了希望、愤怒和绝望等情绪。虽然自大和报复型的人非常冷酷，淡漠了其他情感，但他们仍然有一种狂热的、被驱策的希望——对成功和胜利的追求。而长时间的退缩会使生活进入低谷，这种生活是一潭死水，虽然没有矛盾和痛苦，但也没有激情和活力。

退缩会压制愤怒的情绪，或帮助他们逃避一些不想做的事。内心脆弱的人的共性就是退缩。

退出内心斗争的直接表现就是做生活的旁观者。这种态度是解决内心冲突的一般方法。一个习惯退缩的人会将其广泛地应用到生活中，比如对别人的事漠不关心，所以他们也是别人生活的旁观者。在他们眼中，生活就是一个剧场，自己只是观众，但是舞台上的表演似乎并不能让他们感到高兴。这就是他们对待自己和他人的态度。他们可能不是最好的观众，但一定是最敏感的。“他们是自己生活的旁观者”的意思是，他们不会参与到自己的生活中，这种拒绝是有意识的。他们在分析的时候，尝试保持一种态度。他们可能关心某件事，但关注的重点是这件事是否能带来愉快的感觉，而且这种关心非常短暂。

当他们运用智慧趋利避害时，其实是能认识到自己的冲突的，但是，如果再次面临冲击时，还是会像以前那样陷入恐慌和痛苦当中。他们大部分时间都会表现得十分小心，没有事情能够打动他们，只要稍微触碰到一点冲突，就转移注意力。或者，他们会努力让自己相信，现在出现的冲突并不是真正的冲突。也许会有人想要告诉他们真相说：“你看，生活原本就是这样的，到处充满危机！”但是他们是不会认同这种说法的。在他们看来，生活不应该是这样的，这只是他们看到的一种。事实上，他们并没有主动参与到他们所观察到的这种生活中。

旁观生活，当然无须奋斗

生活的旁观者有两个特点：一是不愿意付出努力，二是不愿意追寻成功。把这两种态度结合到一起就是逃避现实最显著的特征。大部分人很乐于做生活的参与者，但遇到困难和阻碍时，就会非常生气。逃避现实的人则有完全不同的表现，他们是无意识地抗拒努力、抗拒竞争，也不认为奋斗了争取了，就能获得对自己有益的东西。即便面前摆着一个活生生的例子，证明他们之前的想法是错的，他们也不会为之所动，反而会感到很苦恼。如果发现自己拥有某种天赋或才能，他们会感到非常吃惊。

他们用虚幻的想象代替了现实的努力奋斗。在想象中，他们或许是个音乐家，能写出优美婉转的曲子；或许是个画家，能画出让世人惊叹的画作；还可能是个作家，能写出荡气回肠的文学作品。在某个主题上，他们的看法或许真的很独到，但却难以转化为写作的成果，因为写作要求人们有精进的精神，组织文字、架构、贯穿主旨的能力，最后还需要对整体进行补充和修改。他们不愿付出精力做这些努力，所以最终一事无成。他想象中有个模糊的想法，觉得可以写成戏剧或小说，但是他们认为的写作就是等待，等着灵感主动落入他们的大脑。他们觉得有了灵感，就能完善情节，并且顺畅地写作了。

他们很擅长给自己的懒惰找理由。只要花了足够多的精力去写书，就能写出好书吗？那为什么市面上还是有那么多不太有价值的书？我们的精力有限，如果在某件事上花费太多心思，就会影响别的事情的完善，那岂不是就限制了我们的思想和兴趣。参与竞争、维持人际关系，是会破坏自己个性的发展的。

他们讨厌努力奋斗，这种讨厌的情绪已经波及了所有的活动，于是就变成了彻彻底底的懒惰，像买东西、读书、写作等都是琐碎的事，是被放到最后面的。在做这些事的时候，他们表现得非常迟缓，也讨厌这样的事，因此办事效率很低。有些事很重要，且无法避免，比如处理工作上堆积的事，但他们在处理之前就会感到困惑和痛苦。至于处理的效果好不好，他们想都没想过。做事情时，他们缺少目标和规划。他们从来没有思考过到底能在生活中获得什么。事实上，他们认为这个问题与他们没有任何关系，所以干脆放弃思考。

他们不仅不确定目标，而且一直都是消极被动的，习惯逆来顺受。他们认为，自己行为上的障碍，比如在陌生人面前显得局促不安，没有勇气站在人多的场合，在公众场合说话还会害羞，这些都应该得到谅解。他们还认为，懒惰也应该是被理解的，比如，没有认真读书是因为静不下心来。他们对目标可能有更加长久的想法，并且认为这是一种内心的安宁。其实，他们只是不想面对困难，也不想表现得愤怒和急躁。他们认为自己可以不用付出任何努力，不用承受任何痛苦，就能得到自己想要的东西。如果他们求助于心理辅导，就认为帮助他们进行分析的医生应该承担帮他们解决所有疑惑的责任。接受心理辅导就像去看牙医，或给病人打针输液，心理辅导师应该像一台X光机器那样，迅速准确地看透他们，说出他们内心真实的想法，减轻他们的某些痛苦。再遇到新的问题，他们就会做很多努力，虽然他们不关心自己的事，但他们却非常关心自己都做了哪些努力。

压抑自己的需求和愿望是逃避现实的本质。在其他的生活态度中也会有压抑愿望的表现，但这往往只是针对某一种愿望的压抑，比如有些人会压抑求胜的愿望，有些人会压抑与人建立亲密关系的愿望。我们也知道，愿望其实是会变的，因为愿望由自我意志决定。而自我意志会因为内心的驱使变得不明确。对生活持退缩态度的人，认为自己不需要愿望或希望，这种想法有时是有意识的，有时是无意识的。

有时候逃避现实倾向的人，会把那种与自己无关的心理压制下去，对某件事产生浓厚的兴趣，但这种感兴趣的状态持续时间很短暂。很快，“什么都无所谓”“什么都不重要”的想法就又卷土重来。这种“没有任何希望”的想法会直接影响他对个人的生活和职业的态度，比如不奢望升职加薪，不寄希望于结婚，不认为自己能买房、买车、积累财产。他认为要去实现这些简直难如登天。他们还希望不要有人打扰自己的生活，但人具有社会性，这个愿望注定实现不了。他们成为生活的旁观者，就说明他们对生活不再抱任何的希望。他们认为，不抱希望，就不必花费力气将希望变成现实。于是，他们对外在的世界产生了两种不切实际的要求：一种是，生活本身就该是轻松美好的，不需要活得那么累；另一种是，每个人各自安好就行，不要去打扰别人的生活。

“断绝关系”是因为无能

对生活持退缩态度的人不希望自己有依赖性，不愿让某种事物成为自己不可或缺的一部分。因为不是不可或缺的，失去时就不会那么痛惜。当然，他们也会喜欢某个人、某个地方、某种情感，但就是不会对这些东西产生依赖。他们从不认为某个人或某种关系是他们生活中必不可少的，或本该就属于他们的。一旦他们发现对某个人、某种事物的关注开始引起他们感情上的波动，或产生了想要拥有的想法时，就会当机立断地选择抽身，从这种感情中退出。

在普通的人际关系中，他们仍然坚持不参与的原则，就像对自己的生活，他们也只愿做个旁观者，而把自己的愿望压抑到想象中一样。他们典型的表现就是主动疏远与别人的关系，即“断绝关系”。他们不会在人际关系中付出真实的情感，非常享受人与人之间的距离感和短时间的接触。为了不让自己对别人产生依赖感，他们排斥别人的陪伴和帮助，也不和某个人建立稳定的关系。断绝关系就是防止自己依赖他人最简单直接的方式。不管是好的，还是不好的东西，他都不希望是从别人那里获得的。即便发生非常急迫的事，他们都不寄希望从别人那里获得帮助。不过，他们有时会热衷于帮助别人，前提是这件事不用付出某种情感，而且他们也不寄希望于别人会因此感激他。

退缩型的人如果必须长时间地和别人保持一定的关系，就会和对方保持适当的距离。自谦型的人不会有这样的表现，他们渴望与朋友或伴侣保持亲密的关系。有断绝关系倾向的人非常排斥“性”，他们有的是办法和别人保持距离。如果要满足性需求，他们宁愿和一个陌生人保持长时间的联系，因为他们可以将这种联系控制在维持接触的程度上。因为他们不必和这样的性伴侣有情感上的往来。这样的人结婚后，可能会对另一半非常热情，但就是不会打开心扉，让对方看到那个真实的自己。他们可能坚称，双方都该有自己独立的空间，于是坚持独自去旅行，或独自过周末。他们坚称，只有这样双方的关系才能长久。

退缩型的人还有另一个特征，对各种强势、压力、束缚表现得过于敏感。这也是他们与别人断绝关系的原因。他们会对长期的束缚感到恐惧，比如和别人长时间交往或加入某个团体。他们一直在思考一个问题：“我应该怎么解救自己？”

他们痛恨被逼迫着做某件事，这种逼迫的范围比较广，比如签订租约或长期的订单等，甚至可能是鞋带、皮带、领带等给身体上带来的某种压力。他们痛恨别人对自己寄予希望，比如写信或送圣诞节的礼物。他们甚至会痛恨别人规定他们在某个时间支付账单。他们面对其他人的要求或希望的时候，会以一种无形的方式进行抗争，这种抗争有时是有意识的，有时是无意识的。

退缩型的人即使对现在的工作、住房、伴侣感到不满，也不会做出任何改变，也不相信自己有能力使这些事变好。比如，他们不相信自己有收拾屋子的能力，也不相信自己可以争取更多的时间进行调整，不相信自己可以帮助伴侣解决问题，等等。但如果有人告诉他们，相信自己，你是有能力做这些事的，他们就会假装不知道。退缩型的人之所以会如此，除了懒惰，还有两个原因：一是对改变的机会视而不见；二是认为这种事情根本就无法改变。他们认为命运就是这样安排的，所有人都一样，生活本来就应该是这样。

逃避现实，断绝关系，也可能是退缩型的人主动的选择。他们感觉到自己被强迫做某件事，或感觉到某种困难的时候，就会产生情绪变化，变得冷淡、愤怒、松懈。在他们看来，退缩是一种明智的应对方式。不过他们可能没有意识到，自己把退缩当成智慧的选择了。

“退缩”的本质，是放弃

一个人之所以会退缩，是想逃避其内心的冲突，并以此获得一种冲突已被解决的错觉。年轻时，他们可能非常有活力，做过很多事，比如上学时非常活跃，积极地组织班级活动、参与学校的辩论赛等，表现一直都非常出色；参加工作后，投入了很多时间和精力，于是解决了收入问题，还取得了一定的社会地位。在某个时期内，他们意气风发，设想将来能够事业有成，对很多新鲜的事物产生兴趣，并积极参与其中，不断地发展。

但是，人生是没有一帆风顺可言的，他们可能在某个时期陷入瓶颈，或遭遇很多挫折，于是自怨自艾，就此判定自己是个失败者。他们焦虑、烦躁、压抑，对自己的处境感到绝望。等过了这段困难的时期，他们的生活又恢复了平静。在别人眼中，他们变得更加“成熟”“有担当”了，整个人也更加沉静。在别人眼里，凭着满腔热血飞向太阳的他们，现在又回到了地球上，有这样的变化是很正常的。但如果对这种现象进行深入的研究和分析，就会发现其中隐藏着很多问题。他们对待生活越来越冷漠，对任何事都失去了好奇心；对自己的天赋不再寄予厚望，也不会努力争取好的机会。在他们的身上，到底发生了什么？

生活中的各种问题和困难会磨灭人的意志，但这并不是说人们身处的环境有多艰难困苦。实际上，导致发生以上变化的根源并不是外在环境，而是一个人精神方面的压力，比如悲伤、愤怒、压抑等。为什么有人面对冲突的时候会选择退缩？要找到这个问题的答案，我们需要先了解一下退缩的性质。

首先，我们要注意自谦和自负驱动力之间此消彼长的内在冲突。退缩如果占据了主要地位，那么不管是自谦倾向还是自负倾向都不会被压制。实际上，退缩并不像自谦和自负一样，可以清晰地判断出到底属于哪种心理倾向。只能说，它经常在这两种心态之间摇摆，时而脆弱，时而狂妄。到底是狂妄更多一些，还是脆弱更多一些，这要看一个人长期的表现。

当自负占主导地位的时候，便会在想象中夸大自己的形象，觉得自己很伟大，至少比普通人要更卓越，可堪重任。面对别人，他们的优越感显而易见，行为上的表现是十分注重颜面。当一个人对自己产生这种感情时，很容易变得不可一世。那些让他不可一世的幻想却推动着他走向退缩。他们会因为自己的独立，也就是与别人断绝关系而感到自负；会因为自己的禁欲、远离竞争、憎恨别人的逼迫而感到自负。他们非常明白对自己的要求是什么，所以能够一直维持这种状态。

但如果自谦占据主导地位，人就会妄自菲薄。有自谦倾向的人非常胆小怕事，但对于别人的需要却表现得很敏感，愿意付出很多的精力帮助别人或为团体的目标而努力。当遇到问题的时候，他们宁愿责怪自己，也不愿意把责任推到别人身上，所以这种类型的人也有顺从的倾向。自谦是一种态度，这种说法比它是一种主动、热情的驱动力更准确。主动、热情的驱动力在追求爱的过程中会变得狂热，但因为同时兼具退缩的倾向，他们又会产生一种不希望被别人连累的感觉，所以缺乏释放狂热情感的能力。

我们已经简单了解了退缩在自负与自谦之间的意义。退缩的姿态代表人们放弃了对荣耀的追求，所以自谦与自负两种力量之间的冲突便消弭了，这反而有利于人格的统一。

人们还是想实现真实的自我，但他们却控制不住地要压制冲动、热情、对生活的希望，还要压制驱动自我实现的自然力量。

在创造理想化的自我时，人们还是会注意真实存在的东西，但却忽略了怎样才能实现和发展。无论如何，人们还是想要做自己的，这样才能保持自己在感情生活中的主动性。所以和有其他类型的心理倾向的人相比，退缩型人格与真我之间的距离并不是那么遥远。不过他们并不了解自己，甚至还会被自己搞糊涂。虽然他们对真实的自我的感觉是模糊的，但还是希望做真实的自己。

事实上，我们不可能生活在与他人绝缘的环境中，在那样的环境里人是毫无成长可言的。人们需要合适的环境才能调整自己的心态。他们需要不断和自己做斗争，压制自己的希望，才能维持“断绝关系”的状态。但退缩的解决方式带来的影响具有两面性，他们会变得更加脆弱，更加抗拒对别人的依赖，同时减少自身的活力，并破坏生活的方向感。他们不会主动反抗别人对他们的希望或要求，但会付出很多的努力对此进行防备。

人们在内心思考如何应对外在环境时，会不断强化和别人“断绝关系”的解决方式，于是产生了很多负担，久而久之就形成了退缩倾向。不过，退缩型的人很向往自由，这对于改善这种倾向起到了一定的积极作用。

怠惰与憎恶

即便和自己心中的怠惰相冲突，很多人还是能做好自己的日常工作，虽然通常情况下会被认为是在压力下完成的。在工作越积越多的情况下，这种怠惰会越来越明显。他们几乎无法有效利用空闲时间，人际交往对他们来说是一种压力，不管是什么形式的交往，他们都感觉不到丝毫乐趣。他们喜欢独处，不喜欢努力，怠惰的阻碍会发生在他们生活的方方面面。他们倾心于不耗精力而又让人愉悦的活动，比如听音乐、做梦或者晒太阳。他们并不了解自身对“无能”的那种潜藏在深处的恐惧，不过他们仍然会无意识地增加自己的工作，以此来减少空闲时间。

对于常规工作的厌恶，可能伴随着怠惰而产生。如果他们出现经济拮据的情况，可能会偶尔出去工作，也可能会依靠他人的接济来生活。如果有比较合适的方法，他们可能会对自己的需求进行控制，这样他们就不会为此而受到约束。但是彻底的怠惰会让他们选择顺从。比如关于奥勃洛摩夫的结局，就很好地说明了这种情况。奥勃洛摩夫是个很容易激动的人，甚至会为了穿鞋子这样的小事生气。他的朋友邀请他环游世界，并且已经帮他做好了所有准备。奥勃洛摩夫幻想自己身处瑞士和巴黎的山巅。而我们心中却始终抱有疑虑：他到底去不去？结果当然是他不会去。

即便不会有如此极端的情况发生，怠惰所带来的影响也是巨大的。怠惰不仅使人抗拒做事，而且使人抗拒思考和感受。如果有人帮他们分析和解释，也许会让他们偶尔表现出一些思想片段，但是因为并不是耗费精力所得出的，所以这些思想很快就消散了。从这个角度来讲，怠惰是非常危险的。当接收到信件或有人来拜访时，他可能会有一些积极或消极的感受，然而这些感受同样会很快消失。当他收到信件时，也许会产生回信的冲动，但绝不会立刻回信，于是没过多久，他便把回信这件事忘掉了。即便有人愿意帮他分析，他也可能因为怠惰而不愿配合。在别人帮他进行分析时，即便是很简单浅显的道理，也很难与之沟通，因为怠惰，他可能根本没有真正听对方在说什么。别人跟他谈了一个小时，但不管讨论的内容是什么，他都会很快忘记，因为记住这些内容与他的怠惰是相悖的。而且，谈话过程中，他可能会感到混沌和无助。如果在与人讨论或是阅读过程中产生一点小困难，他也会有这种表现。他会认为把听到或读到的东西综合起来理解，是一件非常困难的事情。有一位陷入怠惰精神状态的人描述了自己曾在梦中表现出的这种混沌。他梦到自己身处世界各地，但他不知道在自己面前的是什么地方，自己要去哪里，接下来该怎么走。

随着怠惰的发展，个人的情感也会越来越受到影响。他需要更强烈的刺激来让自己有所反应。公园里的美丽树林并不能触动他的情感，绚丽的夕阳才能让他有所感触。这种情感上的怠惰，有时会引发一些悲伤的元素。在他发现自己的情感生活陷入麻木状态时，他会因为情感缺乏而感到痛苦，因此会迫切地寻求改变。假如在分析过程中他能够变得比较活跃，那他也许能偶尔感受到自己的情感正向着积极的方向发展。他也许会憎恶去了解自己匮乏的情感，不过这只是怠惰的一些附带影响。总的来说，只有减少怠惰，才能让情感状况有所转变。

如果这种生活状态没有改变，那么退缩的状况也许会永远维持下去。退缩有很多种体现，比如压抑自己的希望、憎恶改变、憎恶内心的冲突、忍受各种各样的事物等。但是有一个特殊的因素，就是自由对他的吸引，这个因素会对上述体现产生影响。其实退缩的人是一个背叛者，只不过已经被制服。通过前面的讨论，我们知道消极对抗内在或外在的压力会产生什么样的表现。但是无论何时，这些表现都可以转化为积极的背叛。至于是否会转化，则要取决于他改变生活的迫切程度，以及自抑和夸张的相对倾向。他可能因为夸张倾向而变得活跃，但也容易因为生活中的种种限制而产生不满。如果这种不满主要是针对自身的，那么他便是“因为失去什么而背叛的”。

也许他会对自己的家庭或工作不满，最终当他无法忍受的时候，便会采取比较极端的方式来对抗，比如他会离家出走或者辞职，攻击自己身边的人，无视法律或道德，等等。他通常会对别人抱持这样的态度：“不管你希望我做什么，都跟我没任何关系。”他有时会很粗鲁，有时又很文雅，但态度不会改变。在人际关系角度，这是一种自私心理的体现。如果他这种对抗主要是针对外界的，那么这些行为虽然能让他发泄精力，但是可能会使他被孤立，从而越来越与自我脱离。

不过这种抵抗更多是针对内在暴政的，是一种内心的过程，所以它的发泄会被限制在特定范围内。它通常是逐渐演变的，而非突然爆发，是一种改革，而非革命。因此对于束缚自身的桎梏，他也许会更感到痛苦。虽然他看上去规矩本分，但是他讨厌这种生活方式，也讨厌自己周围的人，那些人的道德标准和生活方式都令他感到厌恶。他更喜欢做自己，按自己理想中的方式生活。如前所述，这是一种混合的情感，它包含了对抗、自负和真实。如果他能够发泄自己，并发挥自己的天赋，必定会有所成就。毛姆在《月亮与六便士》中所刻画的画家思特里克兰德这一角色，就完美体现了这个过程。其他的画家也经历过类似的变化过程，显然天赋在其中起到了至关重要的作用。有一点需要说明的是，这并不是取得成就的唯一方式。在前面那种情况下，天赋遭到限制，而这不过是一种让被限制的天赋得以发挥的方式。

在这些情况中，“发泄作用”仍是被禁止的。一些已经成功改变的人，仍然会具有退缩的特点。他必须谨慎对待“和别人断绝关系”这种想法。在人际交往中，他仍会带有防御或对抗的心理。除了一些带有创造性的事情外，普通事物根本无法引起他的注意。这也就意味着，他并没有真正解决自己内心的冲突，而只是采取了一种比较恰当的妥协的方式。

这种情况也可能发生在分析过程中。由于最后的解决办法通常出现在最终阶段，因此，一些分析者认为这是个很好的结果。但是我们需要注意，这只是解决办法的一部分，而非全部。完整的分析已经从整体的人格结构中剥离出来，其结果不仅发挥了天赋，而且找到了自己与自己、自己和他人之间的完整关系。

半梦半醒之间

退缩的人通常都比较崇尚自由，而自由在他们眼中就是“随心所欲”。他们并不知道自己的期望是什么，因为他们通常会将自己的愿望完全压制，最后一事无成或一无所有。但是在他们看来，无论是法律或是个人，都不应该干涉他们的自由。我们可以将他们眼中的自由认定为一种消极回避，他们的做法实际是在逃避自由，而非创造自由。但是这对他们有一种独特的吸引力，这种吸引力是其他解决方式不具备的。

自由的吸引力与内在的自主是紧密相关的，而当一个人越远离自己的时候，自由对他而言就越没有意义。如果他远离了生活中的积极关系，远离了内在冲突，那他会面临另一种危险状况：远离真实的情感，由于“无能感”而对虚无产生恐惧，并由此带来更深的焦躁。因为自身的努力和向目标前进的动力被压抑，所以他会失去方向，最终只能选择从众。有时由于追求生活的平静、安稳、没有苦恼和冲突，会产生一些破坏性要素。当他沉浸在名利中时，这些要素就更容易出现。长期的退缩会让生活受限，但是不会让生活绝望。不过他还是忽视了生活的深度和自主性。退缩的积极性会逐渐减退消失，而消极性则会长久保持。长此以往，退缩便会带来绝望，最终蔓延到生活的方方面面，形成一种浅薄的生活。

这类人与自己的疏离，是从情感开始的。无论感情是否强烈或者深厚，最终都会远离他。于是在人际交往中，他变得不辨是非，别人在他眼里可能是个知己，也可能只是个路人。当一段深厚的感情疏离太久，就会变得淡薄。他不会去寻找问题的根源，只关注问题的表象。有时可能会因为很小的事情，他就失去了对他人的兴趣。“与人断绝关系”最终会发展成“与我无关”的心理。

他的兴趣也有同样的发展轨迹，最终他的生活就只剩指责政府、吃喝玩乐、做爱和招惹是非。他完全抛弃了对本质的探究，只关注事物的表象。他不再思考，不再有自己的看法，只能跟随别人的观点。他人的观点经常会让他吃惊，因此他变得不信任别人，更不信任自己。他开始怀疑所有行为的善恶，同时也开始怀疑人生的价值。

我们可以发现三种浅薄的生活，对此我们应该加以区分。它们之间的差异主要是关注的重点不同。

第一种，比较关注乐趣，重视对欢乐的享受。退缩型的人的主要表现是没有追求，更加强调生活的趣味。不过兴趣并不能推动他的发展，他的内心仍会有一种无能感。他必须用转移快乐的方式，来消除这种感觉。有一首诗歌，名叫《胜利之泉》，对此进行了描述，表达了一个闲散的人的追求：

> 我想变成有钱人，
> 有一所漂亮的大房子，
> 房子里有个可爱的女孩在玩耍，
> 我听不见那银铃般的声音，
> 只有每天把美元随意挥洒。

这首诗描写的不只是闲散的人，而是描写了整个社会底层的人，因为其中的根本就是金钱问题。在乐趣方面，无论是从夜总会、鸡尾酒会还是歌剧院，都可以寻找到乐趣，或者也可以从坐在家里喝酒、打牌、聊天，甚至集邮、品酒、看电影，都可能得到乐趣。所以对他们而言，生活的关键并非取得乐趣的方式。

第二种，关注投机取巧和名声。退缩的一大特点就是压抑努力的欲望，甚至将其从内心中清除。这种行为的动机很复杂，其中主要的两点：一是追求富有而舒适的生活，二是追求自我评价的提升。由于在之前的生活中，自我评价非常低，而在这种浅薄的生活中，他失去了自主性，反而得到了提高自我评价的机会，方式就是提高自己在他人眼中的评价。他可能会因为某种可能畅销的题材而写书，为了得到财富而结婚，为了某种利益而加入政党。他并不在乎其中的乐趣，只在乎从中能够得到的地位和声望。在英国作家乔治·艾略特的著作《罗摩拉》中，狄托这一形象将这种特点展现得淋漓尽致。他会逃避冲突，特别倾向那种懒散、舒适的生活，道德一天天变得堕落。这种堕落是必然的，因为他的个人品质已经决定了这一点。

第三种，容易盲从。这类人已经失去了真实的思想和感觉，他们的人格已经变得扁平。美国小说家马昆德曾对这类人进行过描述。他们很容易顺从他人的观点，按照他人的习惯来约束自己，他们做事的标准就是他人的期望与态度。相对于前面两种，这类人的情感丧失程度虽然也很明显，但没有那么严重。美籍精神分析心理学家弗洛姆曾详细描述过这种盲从的现象，并且从社交方面对它进行了研究。与另外两种浅薄的生活类型相比，这一种更加常见。弗洛姆发现，同有其他心理问题的人相比，这类人没有明显的驱动力，冲突没有对他们造成太多困扰，他们身上也没有体现出焦虑、抑郁等症状。也就是说，他们没有遇到明显阻碍他们的困难，但是他们缺少了某些东西。弗洛姆认为，这些表现并不足以称为神经症，只是生活中的小问题。他认为这些问题并非原本存在，只是在早期的压抑的生活中产生的。这和我们的观点是一致的，区别只是描述的词语不同。不过弗洛姆提出了两个有趣的问题：一是浅薄的生活是否像我说的那样是神经症的结果？二是已经陷入浅薄生活中的人，是否真的缺乏深层和道德上的自主性？

这两个问题是相互关联的。我们经常对这类人进行分析，所做的观察也许有助于解决这两个问题，先来看看分析观察的结果。如果这种浅薄生活的发展过程非常完善，那么便没有了治疗的必要，只有当其发展过程不完善的时候，他们才会要求进行治疗，因为他们会发现自己在身心上都出现了问题，工作受挫，心情烦闷，并且无能感一天天变得强烈。他们也许能感受到自己的状态正在逐渐变差，并为此感到烦恼。当我们想探究他们的心理时，我们对他们的第一印象完全是根据好奇心做出的，不过这只代表表象。关于他们的内心，我们最初无法真正了解，他们似乎只对金钱和名望方面的问题感兴趣，而且可能会做出不真诚的描述。这些情况让我想到了很多有相似问题的人所描述的东西。在一段较早的时期中，比如青春期或青春后期，他们也曾进行过努力，在情感上也经历过痛苦。不过这并不是证明弗洛姆所说的时期早于这段时期，而是说明这种情况也许就包含在神经症中。

继续探究下去，我们会发现，有一种阻碍性的冲突，隔断了他们的清醒和梦幻的生活状态。在他们的梦境中，已经清晰地展现了他们深层的情感，比如他们内心深处的悲伤、自恨，他们的焦虑、自怜和失望等。如果我们试图把他们的视线转向这些梦境，那他们便会抛弃这些梦原本所具备的特点。他们所生活的两个世界似乎完全割裂开了。我们可以清楚地看到，虽然他们总是抱持着一种无所谓的态度，但实际上他们十分渴望逃避内心深处的情感。他们只是看了一眼世界，然后便闭上眼睛，将看到的现实忘却。在清醒的时候，他们也许会回忆起某些往事，想念自己的故乡，或者涌起一些宗教情绪，但是很快这些情感便全部消失不见。

重建自我

求助于心理辅导或自我分析最重要的目的，是在内心重新独立，也就是既不盲目顺从，也不随意轻视他人思想；建立起自己的价值观体系，并应用到实际生活中；在人际交往中尊重他人的性格和权利，保持人格平衡。我们可以把这个目标称为“唤醒内在感情源泉”，也就是唤醒内心的真实情感，尤其是爱的能力。

找回真我，是解决冲突的根本

对于内在冲突是怎样破坏人格的，我们了解越深，就越渴望发现解决这些冲突的途径。人们经常会有这样的疑问：是不是找到了自己内心中的冲突，就可以解决问题？实际上，这只是第一步。而以人格中产生这些冲突的因素为切入点去直面冲突，才是唯一的，也是最根本的解决办法。这是一种比较激进的方法，在实施过程中肯定会遇到挫折。一则，身处冲突之中的人很难理性地对自己内心的冲突进行分析；二则，当这些冲突发展到一定程度，无论靠逃避、意志还是理性，都已无济于事。那么就只剩一个办法：求助于心理医生，寻求专业的心理辅导。

在接受心理辅导的初期，心理医生即使已经发现求助者的精神状况存在哪些不稳定，并且能帮他分析，让他认识到自己的问题，还是不能立刻帮他解决问题。不过，这一步可以缓解求助者的焦虑，以前他是处于混沌无知的状态，现在起码了解了自己的问题所在。但这也只是体现在心理辅导的过程中，对于日常生活仍然没有任何帮助。虽然他已经意识到自己内心的冲突，但是并不能改变精神不稳定的状态。他知道心理医生说的都是事实，然而他不知道这些事实对自己来说意味着什么，就好像从别人那里听来了一个真实但又与自己无关的消息一样。他会固执地坚守自我，认为所有的困难都来源于外界；只要自己的事业和爱情取得成功，所有的痛苦都会消失；自己内心虽然有冲突，但并不像心理医生说的那么严重；只要减少和他人的交往，就会减少冲突发生的机会；自己比普通人更加有智慧和意志，普通人无法同时遵守两个相反的原则，而自己可以。此外，他也许还会觉得自己太过善良，心理医生是把他当白痴一样糊弄，夸大其词，把原本没有的病描述得很严重，然后再通过“高超的医术”来治好，以此博取名声。有时他还会认为自己得的是绝症，根本治不好，心理医生不过是个江湖骗子。抱着这种想法，无论心理医生提出什么样的建议，他都会以抵抗或绝望的态度回应。

这种无意识地坚守自我的表现，体现出了两个问题：一是他认为原有的解决冲突的方法比冲突本身更加可信；二是他认为自己的病是绝症，对此已经绝望。因此，对于心理医生来说，要想解决冲突，就要先了解他原本是用什么方法来应对自身冲突的，最后的结果如何。

求助于心理辅导的分析或自我分析最重要的一个目的，是在内心重新独立，也就是既不盲目顺从，也不随意轻视他人思想；建立起自己的价值观体系，并应用到实际生活中；在人际交往中尊重他人的性格和权利，保持人格平衡。

我们可以把这个目标称为“唤醒内在感情源泉”，也就是唤醒内心的真实情感。这些情感包括喜欢、憎恨、快乐、悲伤、恐惧、希望等。这个目标最终要达成的效果，是能表达自己的真实情感，并且有能力控制情感。这里重点说一下表达爱的能力，因为它在生活中是至关重要的。爱不是寄生式的依附，也不是施虐式的控制，那么爱是什么呢？麦克马雷曾这样描述：“一段关系也有它的目标。我们在这段关系中连为一体，因为这是人的天性，人类天生就希望与人分享。我们互相敞开心扉，理解和包容彼此，分享彼此的快乐，满足彼此的愿望。”

对于解决冲突来说，深入了解早期经历以及这些经历对儿童时期的人格有何影响，并没有什么太大的价值，不过却有助于我们研究冲突的形成环境。童年时期身处充满敌意的环境，也许会导致他没有安全感、没有自信、没有自由，甚至会压抑他的自发性。在这种环境中，他的精神最核心的部分受到冲击，于是他感觉紧张、无助。这导致他在与别人交往时，会根据利害关系或自己的需求来选择自己的行为，而非出于真实的情感或意愿。他所选择的愿意或不愿意、喜欢或不喜欢、相信或不相信，都不是发自内心的。在与人互动时，他要时刻保持警惕，在各种行为方案中选择对自己伤害最小的那个。这种生活方式最主要的特征就是：绝望；因紧张而对他人抱有敌意——从警惕发展为仇恨；疏远他人，远离自我。

如果一直采用这种方法，那么冲突就无法解决，甚至会发展为神经症。他与别人、与自己之间的关系，更加无法缓和。帮助他改变这种状况，是心理医生首先要面对的问题。重新建立与自我的联系，感受到自己的真实情感，树立起自己完整的价值观，并改善他与旁人的关系，这些才是解决问题的正途。虽然达到这些目标非常困难，但是一旦做到了，就可以切实地解决冲突。

我们最终要实现的目标就是“使内心完整”，也就是让所有情感都是真实的，除掉所有伪装，全身心投入工作、情感和理想中。这些其实也是心理健康的基本表现。人格是能改善的，并不是只有儿童有可塑性，任何人都有可塑性，甚至能彻底改变自己。奇迹并不会自动降临，我们需要通过努力，去一步步实现它。

分析 / 自我分析——步骤及注意事项

神经症人格的表现千变万化，但是从本质上来说，都是一种性格障碍。不管是自己进行分析，还是寻求专业的心理辅导，都要对导致神经症倾向的性格结构进行分析。对性格结构和个体差异了解得越全面，对自我疗愈就越有帮助。

神经症，其实就是一个人内心所建立的应对机制，是一个意在抵抗冲突的堡垒。分析者——无论是专业的心理专家，还是我们普通人自己——如果认识到这一点，那么接下来的分析工作就可以分为两个步骤。

第一步，详细了解患者——在自我疗愈中，你就是你自己的患者——为解决冲突，都做了哪些无意识的努力，最终对人格造成了什么样的影响。在这个过程中，我们只需要考虑他们的内心倾向、理想化自我和外化作用对他们造成了什么影响，而不必考虑他们所做的努力和冲突之间有什么关系。

第二步，解决冲突。在这个步骤中，我们不但要让患者了解自身的冲突，还要让他们了解这些冲突对他们造成了什么影响，以及其中的原理是什么，也就是他们有哪些相互矛盾的倾向，以及这些倾向在具体事件中怎样相互干扰。

以上分析，完全可以是一种自我疗愈，也就是说，分析者和被分析者都是自己。事实上，大多数情况下，我们缺乏反省能力，没有自我观察、自我分析、重新规划的习惯，这也是我们不知不觉中就变得糊涂甚至进入病态的原因之一。相反，一旦一个人开始自我观察、自我分析，那么就开始了自我疗愈之旅，其效果与寻求心理医生的帮助并无太大差异。不仅如此，如果一个人养成自我分析的习惯，那么，因其便捷性，以及不需要面对外人的私密性，其疗愈效果的深度和可持续性很可能高于心理医生的治疗。

自我分析时，作为患者的自我，会更放松，暴露更多、更深，更适合做透彻的分析；而作为医生的自我，会更睿智，而这种睿智会成为最新自我的一部分。这是一种可喜的现象。

下面说一些常见的神经症症结，并展示一下该如何进行分析。

有的人有很明显的顺从倾向，同时也有倒错的施虐倾向，这种倾向又反过来加强了顺从倾向。这时应该让他认识到，他之所以无法赢得竞争，无法胜任工作，正是由于顺从的需求影响了他。他内心充满了战胜他人的欲望，所以才如此渴望在竞争中胜出。还要让他认识到，不管有什么样的原因要求他超限自控，都是与他内心对同情和爱的需求相违背的。应该让他清楚地认识到，他自身所做的努力如何从一个极端走向了另一个极端；他是如何时而放纵，又时而超限自控的；他内心的施虐倾向如何强化了将这种倾向外化的需要；这种需要如何与自己树立慈悲形象的需要产生冲突；他是如何原谅一个自己刚才还在抱怨的人；如何在拒绝任何权利和渴望所有权利之间摇摆。

还有一点需要让他明白，他想象中的妥协是无法实现的。这也是在第二个步骤中所要做的工作。例如分析者应该明确告诉患者，不要妄想把自私和慷慨完美地结合在一起，也包括爱和虐待、服从和支配等。在分析过程中，患者自己也会意识到，理想化自我和外化行为只不过是掩盖了冲突，缓和了冲突对自己的伤害。也就是说我们的最终目的，还是让患者了解冲突是怎样引发神经症的，以及冲突是怎样全方位地影响着他的人格。

分析过程中会遇到各种困难，患者会以防御的态度来对抗分析——即使在自我分析中，这种现象也屡见不鲜，也就是说，内心深处不愿意承认自己的缺陷。在他们眼中，他们自身所采取的各种解决冲突的努力，都是有价值的，当分析者——无论是作为外人的心理医生，还是自己——想要拆解这些努力时，他们便会用各种方式来阻挡。而在分析冲突的时候，他们会努力证明自己的冲突不是冲突，所以很难让他们认识到自身的某些倾向。

对于分析工作的顺序，弗洛伊德曾提出过很好的建议。他在心理分析中采用了一项医学分析中的原则，就是在为患者进行解释时，这些解释应该对患者本身有益，而且没有负面作用。在心理分析上，就应该注意两点事项：一是如果现在让患者了解真相，他的内心能否承受？二是这个解释对他是否有益，能不能使他进行建设性思考？到底怎样确定患者的承受限度，怎样让患者进行建设性思考？一直没有确切的答案。因为不同的患者之间，性格结构差异是很大的，我们很难确定到底什么时候向患者做出解释最好。所以现在我们只有一个基本原则，就是当患者的态度出现明显转变后，我们才能进行某些问题的深入探讨。在这种情况下，我们可以采取一些比较常见的措施。

由于患者全力防御，因此分析者只是指出他的主要冲突并不能起到多少作用。一定要他先意识到自己的那些努力对自己并没有好处，反而有害。所以，分析者应该分析的，并非冲突本身，而应该是患者所采取的那些解决冲突的方法。关于这一点，分析者应该用最简易的方式让患者明白。这并不是说分析者不可以和患者讨论冲突。在分析过程中，需要根据神经症结构的脆弱程度，来决定用哪种分析方法。有些患者如果过早认识到自己的冲突，便会陷入恐惧之中。所以对于有些患者来说，并没有必要过早知道冲突的真相。

在对待理想化形象方面，我们需要同样谨慎。这里我们不过多讨论理想化形象是如何出现的，但是可以确定，理想化形象是患者唯一认为真实的东西。而且理想化形象也许还是唯一能为患者带来自尊的东西，如此他才能避免陷入自卑。所以在消解理想化形象之前，必须让患者得到部分现实性力量的支撑，这样他才能承受理想化形象崩塌带来的冲击。

分析工作的重点，是让患者明白在他眼中很重要的东西，其实对他是有坏处的，也就是说神经症倾向和冲突会让他变得更加无力。让患者全面而清晰地了解自己的病症，是最关键的地方，这样他才能意识到自己需要做出改变。不过患者总是有维持现状的倾向，要想让改变进行下去，必须有一种强大的力量来压制这种阻力。

有时即便患者已经意识到神经症对自己的伤害，仍然表现出积极解决这些问题的态度，就好像这些问题和他不相关一样。他不会去正视问题，反而采取一种机巧的方式进行回避。别人会注意到他的这种回避，实际上他自己也能注意到。但是只要分析者不能敏锐地抓住这一点，就会被患者引到其他话题上，最后陷入死局。

冲突的解决，可能是个漫长过程

有些人主观上渴望改变，并去求助专业的心理辅导，可还总是出现固守旧我的情况。他们其实已经意识到这种态度对自己不利，可为什么还坚持不肯改变呢？到底是什么在阻止他们改变？这背后通常是一系列因素，需要逐个分析解决。他们也许已经陷入深深的绝望，认为自己没有改变的可能；在面对心理医生时，他们也许会产生战胜对方的欲望，这种欲望甚至会超过对自身的兴趣；就算注意到自身情况对自己不利，他们仍然会有很严重的外化倾向，因为他们认为那并非自己的原因；他们仍然认为自己有超乎寻常的能力，即便已经意识到自己有可能受害，但还是觉得自己有能力避免；理想化形象的阻挠，让他们不愿承认自己的心理是不健康或有冲突的。他们以为，只要意识到问题在哪里，就可以随手解决，但当他们发现现实并不如自己所愿，便会对自己发火。

所有这些都有可能导致人们不愿意改变自己，因此被求助的心理医生都要去了解、分析。如果心理医生能帮助求助者接受自我，即便最终没有彻底解决问题，也能在一定程度上缓解他们的困境，这样也能调动求助者努力摆脱困境的动力。这对激发求助者配合心理医生是很有好处的，同时也能让他看到恢复心理健康的希望。

这些是无法在短时间内完成的，一个人在冲突中沉沦得越久，解决问题需要的时间就越长。很多人试图找到一条捷径来解决问题，这都可以理解，但是心理问题也分轻重，轻微的心理问题或许可以在短时间内恢复，但是对于比较严重的，一定要先全面了解性格结构，如此才能在其他步骤中寻求缩短治疗时间。有一些短期的精神疗法很是流行，但这些疗法多半没有明确的针对性，有的施治的心理医生甚至没有意识到解决求助者心理问题的阻碍力量有多强。这些疗法能否切实帮助求助者，实在很值得怀疑。

不过，让人庆幸的是，心理医生的分析疗法并不是解决冲突的唯一手段。实际上生活才是最好的“心理医生”，任何人都可以通过生活中的各种经历来使自己的人格得以完善。比较常用的办法有树立一个好的榜样，和一些有相同志向的人保持交往，等等。有时人们在经历了一些糟糕的事情后，反而得到了和他人近距离接触的机会，有可能会借此摆脱自我疏离的状态。

但是现实不会总是如此顺心如意，生活并不是一位有感情的心理医生，不会为了满足某人的特殊需求而专门设置一场困境、一次宗教经历或者一份友情。生活中的经历可能会帮助某人解决心理的困境，但同时也可能在对别人进行伤害。而且困顿于内心的冲突中的人很难对自己的行为造成的后果进行反思，吸取教训就更加困难了。如果他真的能够反思、吸取教训并付诸改变，那么内心就不会积累那么多冲突，也就没有心理分析存在的必要了。

冲突在人格中起的作用，我们已经有所了解，而且认识到这些冲突是可以解决的。由冲突引起的神经症虽然属于医学领域，但是很难用医学术语来定义治疗所要达到的目标。所以，我们需要重新确定一下分析疗法的目标。鉴于一些身体或心理疾病体现的是人格冲突，这里我认为应该把分析疗法的目标限定在人格范围内。

如此一来，心理分析就增加了一些工作。帮人们建立起享受生活的心态，帮他增强做决定、对自己负责以及承担后果的勇气和能力；另外，还要鼓励他承担义务，无论是对父母、子女的，还是对朋友、同事的；无论是对个人的，还是对团体或国家的，让他认识到义务对于自己的价值，这些都成了心理分析要实现的目标。

整合力至关重要

一个人的内心如果总是被冲突、恐惧、紧张占据，那他本身具有的能力肯定无法得以发挥，正常的生活也将遭到破坏。要想帮他走出困境，就要清除他潜意识中的冲突、恐惧和紧张。

在这一方面，整合力是至关重要的。整合力的存在就是为了解决冲突，它能越过冲突造成的障碍来消除冲突。内心的冲突会导致失去真我，如果一个人的精神世界没有真我进行统辖，他的各种欲望，无论是正当的还是不正当的，都会自行其是，向各自的方向发展，没办法融合为一体。如此一来，冲突和分裂就在所难免。

为了尽量减少内心的紧张，人们也许会极力否认冲突的存在。无论是什么样的冲突，一旦冲突的一方占据优势，另一方被压制，那么冲突便会明显变弱，甚至看上去消失不见了。比如某人内心存在一种冲突，既希望别人喜欢自己，又对别人加以仇视，这时只要他对其中的一种欲望进行压制，这种冲突便自然消弭。同样，当我们抛弃真我之后，真我和假我之间的矛盾便会消失。

为了保护自己而抛弃真我，当内心的冲突发展到一定程度，这种现象就会变得很明显。就像前面说的，当真我活跃起来，我们便能明确感受到内心当中的激战。而经历过这种激战的人，都能够早早明白，自卫和避免分裂的欲望会迫使真我从战场中退出。

这种自我防御方式还有一种明显的体现，就是人们倾向于让问题变得复杂。虽然表面上他在配合，但他在无意识中让问题变得复杂了。这有些像欺骗者在意识层面展现的行为：谍报人员一定要掩饰自己的身份，罪犯不会提供真口供，伪君子一定要假装真诚。这样的人拥有双重生活，但他们自己并没有意识到。同样地，他们会在潜意识中将自己的身份、信仰、欲望、感受等变得模糊，如此便容易进行自欺行为。

为了维护自己的理想化形象，只要有不符合这种形象的东西，他们都会采取回避或者推卸给他人的方式。他们同时又很自负，会对他人心生怜悯，愿意全力帮助那些遇到困难的人，但是对于自己内心的困境，他们却视而不见。

他们心中还会有另一种倾向，就是认为自己是“破碎”的，是各种“不相关的东西”拼凑到一起的。他们认为自己不是一个完整的生命体，各部分之间毫无联系。这种缺乏整体感的人，其内心都是分裂的，并且与自我疏离。不过在“相互关系”这一方面，他们对“脱离关系”还是比较感兴趣的。当有人为他们讲述某种关系，他们会认真倾听，并有所了解。但这种了解非常浅显，而且很快就会被遗忘。例如某人“不明白因果关系”，这一心理特点让他自己很感兴趣，类似于一种心理催生了另一种心理。无论是在生活还是人际关系中，他都会对别人有依赖性，然而这对于他来说是件非常奇怪的事情。即便睡得晚和上床晚这样简单的因果关系，也足以让他惊讶。

精神分裂本质上是一种分裂，但它所起的表面作用则是维持内心平衡。他不希望被内心的矛盾所困扰，于是便回避各种冲突。这让他们能将自己的内心维持在一种处于危险边缘的平稳状态。这样一来，他们便认为自己内心的冲突和紧张并不存在。

心智，精神世界的统治者

人类已有的心理学知识及在此基础上发展出来的心理治疗方法，其实是非常有限的。在无比丰富和复杂的人类精神世界面前，心理学家经常会感到力不从心——越是真诚的心理学家，越是深有体会。

而对进行自我疗愈的人而言，仅仅学习心理学知识和技能就已经非常吃力了，仅仅保持自我观察的客观性就已经很难了，哪有精力去实施精准有效的自我分析呢？

精神世界的调整，也许还有另外一种出路，一种更轻便、更直接的方式，当然也更微妙，不易把握。大致说来，类似于东方人的冥想、体悟，事实上，东西方宗教中都有类似的感悟世界、调整自身的方式。“整体化”的体悟至关重要：整个世界为何如此和谐，而自己为何冲突不断？自己与他人、与小环境、与大自然，甚至与整个宇宙，是否遵从了不同的规则？应该如何调整呢？……

这里，我们谈一种普遍适用的心理治疗方案，那就是——调动心智的力量。这种方法可以有效解决分裂问题——与自己的分裂、与他人的分裂、与整个外在环境的分裂。

心智包括理性和想象，但像神话里的瓶中精灵一样可以无限延伸，似乎超越了理性和想象。心智会自由翱翔，有时候会像旁观者一样观察自我，但它并不是一个善良的观察者，甚至带有一点虐待的性质。它一直处在超然的位置，就像一个偶尔才和自己在一起的陌生人。因其超然，所以这种观察往往更客观、更犀利，虽然这种观察同时也会更机械、更无情。

在常规的借助心理科学进行分析或自我分析的过程中，当患者向分析者提供关于自己的事件、行为、症状等信息时，多多少少会有些添加或删减。这样一来，被观察和被分析的精神症状，往往是不准确或不全面的，甚至还隐藏着别的东西。被观察和被分析的那部分自我，向观察者和分析者提供某些表象甚至假象，然后暗地里扬扬自得，就好像一只昆虫用自己的某个生理现象迷惑了昆虫专家。这个扬扬自得的自我，误认为耍这种诡计是对自己的爱，证明了自己的高明。事实上，这种自爱和自我肯定是虚假的，他仍然无法对生活中真正有意义的东西产生兴趣，他仍然提不起精神，在无意义中挣扎。他的精神仍然处于水深火热之中，在各种冲突、矛盾、分裂中纠结，无法自拔。

真正可怕的是，上述状态中，要诡计的除了“被观察”“被分析”的自我之外，有时候，理应作为“观察者”“分析者”的自我，会装聋作哑，甚至配合这些诡计。在这种情况下，自我分析就彻底失败了。其根源，在于“观察者”的视角不够稳固、强大。之所以如此，是因为最高的自我不够超然。

要想实现真正超然的自我，必须站到更高的位置。比如，感悟这个世界，把这个世界作为一个整体去体悟。

忘记自己，才能真正地旁观自己。

真正地旁观自己，会进入一种玄妙的状态。他不再参与自己内心的纠缠，他彻底站到自己之外、之上，远远地成为自己内心冲突的一个观察者。由此他有了一个正在实施观察行为的心智，并有了统一感。对于心智的作用我们已经非常明了，它能够起到统率协调的作用。

在上述状态下，心智的理性和想象都是真实和强大的。而在常规状态下，神经症患者的理性和想象往往是病态的。

神经症患者的所谓“心智”，也是能够想象的，但其目的只是创造一个理想化的形象。它的作用是让自负掩饰自己的行为，把自身的需求装扮成美德，把所谓“潜在的能力”装扮成事实上的能力。他会想方设法使自己的所作所为所想合理化，不停地强化自负，然后屈从于自负，最终确信自己真的很强大，把假象当作真实，沉迷于其中。

神经症患者的所谓“心智”，可以消除自我怀疑或迷茫，似乎也可以协调自己与外界的关系。它塑造一种“盲目自信的逻辑”，一种“我绝对正确”的信仰。他会认为自己的逻辑是唯一正确的，别人如果不信就是白痴。这在人际交往中就体现为刚愎自用。在内心问题上，这种态度会排斥一些有建设性的探索，但是同时会减轻内心的紧张。很多患者都有这样的疑问：如果所有的事物都不是真的，那么烦恼来自哪里？他们似乎能够接受任何事情，但实际上他们只是把事情抛在一边，根本不予理会。因此，在对这些事情的探讨中，分析者的暗示和他们自己的感知都消失了。

我们精神世界的问题，单纯采用智力解决，往往效果并不好。依靠智力，往往会忽略潜意识层面的因素。如果不能躲避潜意识因素的干扰，就会产生一种不协调的不安感甚至恐惧感。当一个人发现自己身上有神经症冲突时，他很快就会知道，单靠想象或理性是无法让这些冲突变得协调的。他会感到困惑，就像进入一座迷宫之中。因为为了避免冲突，他必须动用自己的全部力量。但是他应该怎么做呢？如何才能摆脱困扰？摆脱困扰的突破口在哪里？……要解决这些问题，似乎回避、掩藏是可行的，似乎可以让内心重归安宁。实际上，这使问题获得了暗中滋长的机会，变得更加难以应对，甚至某一天不可收拾。

表面化的心智，对精神世界似乎也具有整合作用。这种整合力，通过智力说服或强制内心各种力量不要对立，以此消除紧张，我们不妨将其发挥作用的方式称为“紧张消除”。比如一个人通过分裂的方式使得冲突不再愈演愈烈，于是冲突似乎解决了，消失了，天下太平了。智力似乎真的为精神世界建立了统一感。但是我们知道，他实际上是外移了某些东西——或者说，隐藏、分裂了某些东西，以求实现所谓的“和谐”。

真正的心智，不是上述这种情况。真正的心智，像上帝一样超然，因其超然而全知全能，统领万物。

真正的心智，是最自然、最容易的。只要你放松下来，保持平静，去感受身心内外是否有任何不舒适即可。它不需要费力调动智力，但它却可以展现最高的智力。由它引领的自我分析和自我疗愈，会走在正确、顺畅的道路上。

当内在问题出现时，心智会有所感知。如果某些内在问题消失了，但内心的不舒畅仍然存在，心智就会疑惑，因为它敏感，能感受到一丝一毫的障碍性力量的存在。只要有一丝一毫的不适，心智就不会停止探索。这会让一个人在自我认识和调整的道路上走下去，永远保持精神上的活力，永远向上。